服飾採買 決勝 創業術

暢銷 增訂版

新手·老鳥·網拍·開店都必備
｜日｜韓｜中｜泰｜批貨實戰寶典

服飾批貨創業市場觀察家
黃偉宙 Sidney Huang 著

contents

推薦序

在現今各個大學裡充滿著鼓勵青年學子們能創意、創新、創業（三創）之時刻，這本書結合了自身經歷、學理根據及同業間實戰經驗的決勝創業術，無私地分享並提供給願意嘗試創業的人們一個指引，同時也勾勒出一個藍圖，讓想創業但又不知自己行不行的人有個省思，而不會茫然投入。

本書雖以時下最流行的服飾經營為題材，對其他行業而言，它的內容、性質會有不同，但其思考方式及步驟卻可觸類旁通。

很多事業的開創，除了本身的興趣之外，事前的規劃、策略擬定（謀定而後動），如何能在創業過程中維持自己的初衷、熱情、一致性及耐心更是關鍵。

在學校所學、人生經歷、體驗及學習都是每個人可貴的資產，如何整合這些資產成為可用的力量，使自己的人生發光、發亮，是 神賜給每個人的機會，如何擴充自己的境界，善用自己的能力，並藉著別人的經驗及智慧預備自己，乃是正途。閱讀此書正好給了想從事小本經營自行創業人啟發。

樹德科技大學校長

朱元祥

自序

現今大家對於服飾產業，總以為是一種看起來非常時尚流行的生活方式，殊不知其中品牌養成的甘苦；許多市場上的一線品牌，有相當多比例都是從傳統市場及路邊攤位起家，一步步的累積及經營，才有目前令人驚艷及羨煞的成績，風光的背後總是充斥著不斷的經驗累積以及解決處理無數的困頓。

當我從服飾相關設計學院畢業，一進入服飾市場後，才驟然發現數據經營的現實壓力，在這過程中漸漸地調整心態，將設計思維作為唯一重要的思考，同時慢慢的考慮現實狀況、吸納數據成本等相關經營概念，在歷經了無店面擺攤、品牌經營，以至於國外採購主管的歷程後，試著將曾經歷過的問題及所遭遇的風險記錄下來，有系統地整理出一套服飾學理及市場皆能相互融合的現實邏輯思慮，希望有助於往後欲進入服飾市場的讀者們，不會再像當初的我付出了許多心力及實質上的代價，才慢慢摸索出一條較為穩定的操作模式。

真誠地希望，想要進入這個工作領域的讀者們，能有效地將服飾產業當作一個能盡情發揮的夢想舞台，而非一場噩夢，有很多經營的關鍵因素，其實只要事先規劃、深入思考就可避免錯誤。正因為想跟大家分享這些實戰經驗，所以我重回大學服裝設計系所及社會推廣教育教授服飾經營等相關課程，希望將先前預算損益及市場的概念，慢慢建構在學生及學員們的心中。

相當感謝實踐大學推廣部及服飾經營類學員們的支持，在大家的鼓勵之中，希望將平時的課程內容文本化，並且能將理念推廣給更多需要的人。在書籍的撰寫過程中，由於服飾流行市場瞬息萬變，除了市場資料的不斷驗證外，許多熱心的學員及老闆們也將實際創業及品牌經營所取得的真實經驗及資訊分享出來，可説是一本除了學理理論也是實際服飾創業的操作手冊及紀錄，集結了服飾產業中各種專業人才的菁華及結晶，此書得以問市出版，真的有太多太多人要感謝！

再次深深一鞠躬，謝謝大家一同付出的努力。

黃偉宙

1

我想批貨創業，
該怎麼開始？

想要在現今市場環境中創業，不想再當個上班族，就如同一位叢林探險家般，隨時得
吸收資訊及整合解決問題，如此才能殺出一條生存之路，試問，想要創業的你準備好
了嗎？

A.

我想做什麼？

▶▶創業代表著一種獨立、一個階段性人生成就的開始，尤其是在高物價及微薪的世代裡，這樣的念頭往往常態性的浮現出來，但是創業真的可以擺脫一切現在所面臨的困擾嗎？還是另一個惡夢的開始？許多人皆懷抱著當老闆的夢想，但創業這件事並不是好的避風港，相對的隱含著更多辛苦與責任，必須謹慎有計畫性的隨時呵護著，將其漸漸培養茁壯，才能成為在市場生存遊戲中擁有競爭優勢的勝利者。然而要發展至這樣的情境，除了些許運氣外，百分之九十是靠著計畫及對於市場業種的觀察與了解，找出可創造利基的核心優勢形成與其他競爭者的差異化，藉以獨占鰲頭。

在我長年輔導創業的對象與個案中，很多人僅是憑著一股衝動即想要創業，原因是：「好喜歡逛街買衣服、鞋子、飾品，朋友們也都說我好會穿搭，天呀！如果工作就是每天買衣服該有多好！」假使你也曾經有過這樣的憧憬，那可能會墜入另一個更可怕的修羅地獄。有鑑於此，希望在大家投入服

飾創業成為買家之前，先針對以下幾個部份作有條理的冷靜思考。

通常在創業之初，週遭親友的意見會呈現兩極的評估，不是聽到「不錯！朝理想努力，我對你有信心！」就是「景氣這麼差，大家都在賣衣服都做不起來，你有比人家厲害嗎？乖乖上班吧！趕快找工作比較實際。」若當時有經濟上的疑慮或親友長輩們的社會期待，那將是極大的干擾，甚至成為影響判斷的重要因素。

藉由一開始的章節，希望所有想要走入這一行的人們，都應該先從兩個面向思考：以個人角度，想想自己真正想做什麼？適合從事這個產業嗎？另外從產業面的狀況去看與經濟整體市場的相互關係，判斷一下要何時及如何進入相關領域市場？依自身的資金及相關資源，從哪裡入場比較容易並且較快成功。

POINT 1
創業之目的

創業前請試問自己為什麼要創業，而不願再當個忙碌的上班族？如果目的很單純，只因為「我不想被人管！想幾點到公司就幾點到公司！或是想要更多更多的錢！」很快的，

創業這「理想」，轉眼間就變成「夢想」而已。因為創業所需考慮的面向非常多，會比自己上班付出更多倍的心力，但所得的回報卻是更不成正比，往往因為資金調度、商品銷售不如預期、進貨商及通路商違約、人員離職等等煩人的問題，而一點一滴侵蝕著自己當初的那塊夢想田地，所以市場上，初入的創業者大多3個月內就會面臨是否需結束的第一道關卡。

　　創業其實就像孕育一個小孩一樣，必須有所規劃及付出相關的企業責任，不能說倒就倒拍拍屁股走人，或是以詐騙手法偷工減料欺騙及危害大眾，所以設定目標相當重要。可能是自有品牌的養成，也可能是實踐自己的產業策略（如：綠能環保、幫助公益弱勢及第三世界貿易等），或是很單純的希望自己的技術專長能有效地運作在服飾產業裡，甚至更大的企圖是照顧更多家庭、給予工作機會降低失業率，這些都是強而有力可支撐的動機及目的。金錢的妥善運作，除了滿足創業營運規劃的需求外，是否能將自己

或事業推到更上層樓的格局，將是另一個長期規劃、從長計
議的重要議題。

POINT2
你的人格特質是？

　　在創業前可以思考一下自己過往在職場擔任的工作屬性
為何？是偏向內部溝通行政管理，還是必須拜訪客戶、背負
著業績壓力，或者擁有高度的專業能力，以服飾產業來說就

如設計師及打版師等。考慮過自己的個性及
評核過往的職場經驗後,再做進一步決定。

　　若是業務型人格特質,相對上較擅長數
字損益及人際客戶溝通,適合負責商圈市場
調查分析,與商品採購和市場通路開發與銷
售等作業;若是技術型人才,就比較建議做
整體設計及版型布料開發、品質控管等相關
工作;若為行政較穩定的特質,則可處理制
度的建立及公文書契約的簽訂及往返。

　　通常創業之初需一人分飾多角通通拿起
來做,但術業有專攻,若想要順利運行最好
採取分工模式,把握自己最為核心及擅長的
強項,其他則可以依賴創業夥伴,或請教先
前職場前輩;若真的沒有人脈資源,就乖乖
去上相關業師顧問課程,看是否有機會遇到
熟悉此產業的專才同學;若真的連同學都沒
有,不妨就利用課堂之餘好好壓榨業師,將
自己所不了解的問題問清楚。總而言之不擅
長的部分,一定要多看多問多學,千萬不要
一個人硬著頭皮自己做,若顧著面子會失去
更多的裡子。

POINT 3

喜好、夢想、理想？

　　夢想與理想的差異為是否真能實現！許多人訂出目標後，往往因為不同的時空因素及理由無法執行，就算去執行了也因為沒有完整的事前規劃與充分的預先考慮，雖然成型了一段時間，終究免不了被市場淘汰的命運。如何將「夢想」轉化為「理想」？需要一連串的先前考量，包括人、事、時、地、物。首先須審視自己喜歡相關工作及整體產業嗎？有了喜好是動力的開端，後續則必須考量實際面的問題。

人➡我自己做嗎？還是需合夥？跟誰呢？需要專長互補嗎？

事➡我要單純買賣批貨整合款式，賺價差？還是要有自己的服飾品牌？或是開立相關類型服飾的店面？店面通路要有品牌嗎？

時➡什麼時候為進入市場的最佳時機？籌備期到上市販售需花多久時間？

地➡選定哪個商圈？要從擺攤、租攤開始或直接在地開店？該地的租金我能負荷嗎？

物➡我的客層喜歡什麼樣的商品？定價及成本各為多少？要用什麼方式取得貨源（批貨／採購代理／自行設計製造）？該去哪裡拿較便宜、成本較低廉實惠？

看過上述基礎的問題後，相信已經有很多讀者將未來的「理想」退化成「夢想」了，所以「理想」跟「夢想」的距離應透過事先的了解與規劃，來縮短彼此的差距。但依過去輔導的經驗，喜好興趣仍是一個相當重要的成功關鍵，因為有了喜好為前提，才有可能廢寢忘食不計較地去執行並解決大部分的困難。

POINT4
我的資產優勢及劣勢

人脈、經驗、資金、專業技術、市場接受度

創業前最好先到相關產業工作，並且一開始就選定自己欲學習的職務，從助理開始摸索，經過2~3年的時間升上專員或初階主管；若想深入某一職能，可繼續待在同一職務獲得往上更精更專業的機會；若想在工作5年內就有創業規劃，則可針對幾個職能（如業務管理或採購等）要求轉調，藉此獲得不同職能的智識及人脈。

一般而言，創業者最好先有過5~10年的職場經歷較為安穩，因為很多問題，其實都在職場生涯中會經歷並可獲得解決的經驗，另外最好找尋中型企業約年營業額有台幣3000萬的企業，如此可擺脫大企業分工太細，待一陣子後什麼都沒學到，或是小企業一切都是人治管理，所吸收到較不實用且雜亂，是故中型企業是個很好的學習場域。

　　在職場中可先了解公司在產業鏈的定位、如何起家的歷史經驗；這些定位、經驗都是將來你創業成功的前例參考，另外將公司轉型期的時間點明確地做出紀錄，仔細分析顧客接受度及所投入的金額多寡，所以資深員工、創業元老都是必須珍惜的人脈資源。另外需將在職場中所收到的名片分類整理，列入口袋名單，最好將其電話、電子信箱、臉書收入資料庫，平常業務往來或逢年過節可積極拜訪更新人脈資訊，長久下來這些業界先進都會慢慢變成朋友交情的關係。

　　累積龐大的人脈後，在創業前試圖盤點一下，看看哪些是立即或是往後可能用到的支援系統，另外思考一下自己在職場所學的專業技術，是否在創業過程中可以運用，還是需要別人支援。假設自己較擅長設計開發，即便初期無法一手從無到有做出整系列的商品，但能利用設計美感的專業訓練，有效地挑選商品，避免所採買的商品跟不上市場的流行度及趨勢。

　　雖然創業是從喜好與興趣作為出發點，但要思考自己所喜歡的款式及類別，市場接受度高嗎？即使深信有跟自己同類的消費族群，然而真的有能力或有管道找到他們所屬的消費區隔嗎？這些客群的數量及消費能力是否有辦法滿足自己創業後事業體的開銷及後續營運。以上都是必須深刻思考的問題。

POINT 5
創業的1、3、5年計劃

在創業前必須針對自己的事業屬性，設定年限計畫，通常會以1、3、5年為階段評估。

第1年

一般業者較以批貨、帶貨作為入門，通常不設立品牌，目的在訓練整合搭配選貨能力，並且檢視所選定的商品是否能被所設定的消費客層接受；在通路販售方面較常採取低成本擺攤或虛擬通路為主。

經營約3年後

相信已經累積相當數量的主顧客群，所以品牌的概念在此階段開始萌芽，可以嘗試將部分銷售單價較高、品質較好的商品，導入自我品牌設計，作為研判此階段的相較高端客戶是否能接受；也因主顧客已有一定的信任感，所以可在虛擬通路上採取代購、代批經營，藉此使商品的庫存量盡量維持近乎零的狀態。

若順利經營至第5年

恭喜大家已經進入開店的門檻，並且可開始將約10~30%的商品，試著小結構變更設計、發包製造，自創品牌的核心目標便可慢慢展開。

做什麼最容易成功？

▶▶筆者較不建議讀者憑著天馬行空的想像就直接大膽地進入市場，成為產業市場所謂的「先驅者」。「先驅者」經常背負著實驗性質，且通常在產業週期的導入階段就要付出龐大的成本；直到成長期階段才真正開始擁有利潤空間。然而，在成長期會有許多資深業者開始介入市場，使得同類型商品因為大量供給使得需求相對降低，此時就需殘酷地考慮是否有繼續下去的利基，還是必須選擇斷尾求生。

通常產業及商品進入到成熟期階段，很快的就會發生衰退大崩盤的狀況，是故衷心建議：以現有（成長初期產業）市場為參考範本，分析一下成功的要素是什麼？有無未來可能會發生的風險？若有風險該如何避免？如利用先進前輩的案例來擇優而避險，自己所創的事業體也會較順利成功地經營，此俗稱為「老二理論」；將自己所創新進入市場的事業體，介於成長期中段。

以下為大家整理出「如何觀察現有產業經濟整體環境？」，可參考下列步驟進行分析評估。

POINT 1
觀察（發掘）目前市場是否具有潛在服務商機

　　讀者可以藉由觀察欲從事行業中的同業對手，目前對於客戶及消費者的有形商品或是服務，是否有另外增加的附加價值或創造出不同的差異化。例如同樣是批貨／代購，就有可能因買家本身對於服飾的修補或維修擁有技術或心得，因此在買賣後續可增加維修保固等服務；或是對於搭配或時尚趨勢有高度的掌握力，如此一來就能幫自己的客戶作一系列當今流行的穿搭建議。也有許多業者會運用取得商品成本低廉的優勢，提供免運費的服務，所能提出的額外服務或優惠越多，相信消費者在同樣的業種及商品條件之下，一定會選擇最友善及服務方便的業者。

POINT 2
尋求現有市場的類似範本

　　找一個市場上已經成功或與自己創業的階段規劃相似的同業為範本，參考該範本是有效快速進入市場的不二法門，因為所觀察的對象走到現有狀況，其在運作上的優、劣勢都已赤裸裸的攤在陽光下，我們可以藉由市調或個案深入探討去了解其成功的原因。但要注意坊間的訪問或報導通常都是

報喜不報憂，所以是否可行或經營策略上是否
有所偏差或不適宜之處，建議可以找顧問作個
案分析（像是服飾系所大學院校教師），或多
花點時間將所質疑或不確定的點反覆推演，詳
加記錄觀察，如此一來必定會發現不合理及奇
怪之處。品牌及事業體的報導是可以買賣作為

行銷手法的一種，所以讀者們一定要抱著懷疑的心態去評估內容的真實性，多給自己一點觀察問題及確認的時間。

POINT3
顧客在哪裡？

創業最初必須設定消費對象是誰？誰來買我們的東西？他／她們在哪裡出沒？習慣在哪些通路消費？願意付多少錢購買我們的東西？消費者可接受的價錢區間在哪？每次會買多少？多久買一次？等問題；一般業者都會利用政府、學校的相關書面公示資料，或最常善用「田野調查法」（也就是俗稱的「站崗法」）進行分析。所謂的「田野調查法」即是：實際去商圈每天記錄消費者何時出現及採買東西。通常上述兩個方法都會同時並行，因為光是分析書面資料或單一實地觀察都有偏頗的風險產生，可能影響判斷。

● 財力／佔有率／集中出沒地

在分析的要項中，必須清楚知道消費者的年齡層及職業別收入等相關資訊，因為消費者的收入是影響商品價格定價的重要因素，也決定了每項商品必須帶給消費者的需求目標。有些消費族群重視價格、有些注重是否符合當季流行趨勢、有些強調商品舒適度與質感，如同上述等等不同的需求目標，大家必

須針對自己設定的消費族群來思考自身的核心商品導向，如此才有辦法確實有效地掌握消費者的需求。

要創業做生意最希望能有進帳，所以我們必須了解自己所要從事的事業，在此產業中有多少消費人口，其競爭品牌（商家）或替代性商品多不多。通常每個消費者會因為不同身分的角色轉換，在不同的時間區段出現在不同的地區，如此的角色轉換或出現的時空間差異都會影響到消費者的消費目標。

例如：一位30歲的職業白領女性消費者，她可能因為房價居住在次要市鎮，只有在上班會至核心都會區，下班路途中可能是她唯一有心情及時間購物的時候；如此一來就需要進一步了解：消費者約幾點下班？會經過哪些商圈？會因為什麼原因停留？每次會停留多久？了解完上列問題就可以初步規劃出消費者的消費動線及消費需求，進而規劃出自己創業的部分資訊。

　　然而，在思考完上列問題後還需要進一步想想：消費者若要購買相關類型商品會至哪個商圈？並開始著手對該消費商圈及消費者進行評估過後，才能較精確地綜合上列所有資訊，並將自己的創業標的設立在「消費者的第一且唯一目標區域」。

● 消費者的消費習慣及接觸通路

很多業者習慣以自己的購物習慣或單一想法就去實行，沒有考量到商品定位、價格及消費者的習慣，這樣的想法對於創業是具有疑慮的。舉例來說，價位約台幣300~500元的商品，消費者習慣從網路等虛擬通路或路邊攤直接購買，因為商品價格低廉，就算沒看到實品也會採信任原則下手購買；但若單價超過台幣1000元（含以上），就較不易在未看到實品的狀況下購買，因為價格較高，所以消費者會期待該商品可以親眼看到、親手摸到的，這時候除非已經相當信任業者，不然不容易在未看到實品下購買商品。

不同型態的商品皆有不同的通路去接觸到消費者，而不同消費客群所習慣的消費商圈也會有所差異，所以對於不同消費族群要量身訂作屬於該族群消費習慣的通路與商品定位。例如：年紀稍長的消費者喜歡去傳統市場或是攤商購物；有些消費族群則熱愛網購等虛擬通路購物，因為免出門，商品有瑕疵還可以退；亦有消費者把逛街當作休閒娛

樂。正因為各有喜好，更需要找到對的地方及方式，接觸到
自己鎖定的消費族群。

POINT4
如何抓住經營的核心？

　　創業雖然感覺做什麼都要自己來，但前文有說過「術業
有專攻，聞道有先後」，建議讀者們找出自己最有把握的經
營項目，作為事業體經營的核心。例如：自己擅長洽談通
路、很會找尋賣場及店家，那不妨將商品的購買或設計製造
等作業，採取跟其他業者合作的方式來經營；假使你對網
拍、部落格社團等經營較有心得及興趣，亦可將此設定為經
營核心，其他項目則以外包委外的方式處理；結合自己及他
人最強項的部份，相信會更有營運的勝算。重點是把握自己
擅長的部分，其他皆可交給合作夥伴或委以外包；外包不僅
限於製作，舉凡設計開發、廣告行銷、通路洽談、商品整合
搭配等面向皆可分工外包處理。

· · · · · · · · · · · · · · · · · ·

POINT5
資金門檻藍圖

創業最務實的問題就是資金來源，許多人的創業資金通常都來自於家人協助，但一拿到金援後馬上面臨龐大親友團的關心與壓力，殊不知在眾人期待及身為老闆的光鮮背後，還有著許多隱藏的憂慮，創業者或許還在為款項收不到、薪水發不出來、新商品沒錢購買、銀行在催款等種種問題煩心傷神。

有鑑於此，建議你開始有創業念頭時，先在欲從事產業以副業模式開始經營，慢慢累積經驗及消費客層，從過程中一點一滴地修正自身想法，如此一來，不僅生活上所負擔的基本開銷壓力較小，不會完全斷炊，亦有空間及時間作策略上的修正及檢討，所投入的資金額度也不會無法負荷；等到副業所帶來的收入已經確定可以滿足現有正職工作收入時，就能展開新的創業里程。

● 初步投入資金

一般剛開始創業投入市場，建議先從低門檻微型創業型態出發，初步投入金額約台幣20萬。服飾類種以單純的買賣批貨交易為優先，先不設立品牌及開立店面，等到顧客的風格及採買習慣和數量足以滿足事業體之需求時，再依1、3、5年等排程規劃循序漸進，慢慢實現自有品牌及店面經營之目標。

● 過程中財務營運（生活基本收入）

很多業者剛創業時不管是自己或合夥人都採取不支薪的狀態，希望維持一年，但從曾經輔導及觀察的個案中發現，新事業體若採用此作法，通常都維持不到3個月就會產生創業成員離去的情境，所以無論如何創業之初都必須把每人投入的工時換算成符合市場期待的工資，如此無論在心境及實際操作上會較有經營壓力及踏實感，不然就只是一場可預期的

遊戲，當遊戲結束了創業計畫也就散了；賠錢損失事小，但會談合作一同創業的往往都是死黨好友，有些個案在創業計畫解散之後甚至連朋友都做不成。建議大家要抱持有福同享，有難自己當的態度，若非對於創業相當有把握，千萬別拖別人一起下水，凡事從自身開始，成也自己，敗也自己，假若不如預期，還有親朋好友可作為支持的後盾。

● 最低成本　商品來源、管道

　　關於進貨及買貨的考量，建議先以批貨開始，等到稍具營業規模再開始談獨家代理授權，之後才可能進展至自行開發設計製造；如此可避免一下子投入龐大的資金，卻無法在第一時間有效回收。此外，也建議若是採取批貨為開端，可先從國內批貨市場開始，等到已有固定客層及穩定營業收入後，再去思考是否要帶進更為便宜、具競爭力，或是更有市場差異性的高品質商品。屆時就可考慮至兩個亞洲最大批貨市場拿貨，一般以大陸珠江三角洲及韓國首爾東大門／南大門等地為最佳採買批貨地點及商域。

POINT6
商品整合？品牌？

　　創業初期一般多以整合、搭配採買為主，而非一下子就設立品牌，因為開始沒有固定客群的存在，所以大都以價格導向商品為主來獲取收入。此時期的商品單價較低廉、品質也許較不理想，若放入品牌的概念或商標，則品牌定位就此定型，往後想要往上翻轉會有相當大的難度及困擾，因為消費者及所累積的主顧客，其第一印象及常久互動價格等交易方式已經固定，很難再作變動了。

POINT 7
創業企劃書撰寫（初步試算評估）

經過了一連串的評估分析，相信大家已經有許多想法及概念，知道自己要做什麼類型的產業及該如何經營了，此時我們必須將紊亂的思緒稍加整理，撰寫成營運計劃書。計劃書的重點須明確點出：客層、事業體型態、預計的營業額、要投入多少成本（買貨、設備、人事薪資）、通路型態、行銷推廣及促銷方案、未來的方向等。

創業計劃書除了是重新檢視自己事業體可行性的工具書外，也是政府相關部門及銀行放款的考量指標，所以在營業額收入及資金成本的估算，以至於最後幾年內會獲利、獲利空間多大，將會影響事業體所借貸的利息及銀行放款的意願。

總而言之，創業當老闆是一件相當不容易的事，常聽許多曾輔導的業界老闆們說，很懷念之前當員工的生活，因為只要努力工作達成上司及公司的要求，回到家就能休息，沒有營運大筆金錢調度的壓力，即使公

司制度不完善，或者理念無法符合自己預期，也可拍拍屁股
閃人。但是當了老闆後，除了24小時待命外，客戶、市場、
員工、銀行等不同的對象都是自己必須深刻經營的，若一個
環節有所偏差，最直接出狀況受害的是公司，身為老闆就必
須承擔所有責任。

　　創業之前要審慎思考一下自己個性獨立嗎？臉皮夠厚
嗎？心臟夠強嗎？可以接受不預期違約收不到貨款，及商品
賣不出去、員工離職等等壓力？如果答案是「我可以！」就
努力衝衝衝吧！將「夢想」蛻化為真正的「理想」。

2

擬定戰略，
讓自己立於不敗之地

創業開店之前，要先仔細想好，從哪個階段開始入場比較容易成功，依現有的人脈及
相關產業智識與資源我做得到嗎？此外，短期內要達到理想目標應該要掌握多少錢能
運作，也是不可忽視的關鍵。

築夢要花多少錢？

>> 一般服飾創業，在開始經營之前必須先將會花費的資金項目、在每個時間點會花多少錢，都初步的預估出來，並且須預先思考：如何才能在運行及經營後在資金的管控上能有所底限？何時需要多少資金？原始資金用完後有無再投入的必要性？屆時如何調度內部資金？需要進行借貸嗎？以上問題理應在起初進行財務資金規劃時就預先設想，以免遇到突發狀況時，突然之間會產生慌亂或是不知所措的情形。

很多事業體被迫結束營業，都不是因為創業品牌理念不好或是商品賣不掉，往往是由於現金及資金的調度出了狀況，導致貨款、薪水、租金、一般日常開支遭遇無法支付的困境，一時又不知從何處調轉借貸，就很可惜只能走向結束營業的結局。

就我過往的輔導經驗而言，買家們必須先估算創業之初到底要花多少錢，才能階段性地滿足事業體的需求，因為資金畢竟是一個品牌或事業體，在運轉上最不可或缺的養分。

POINT 1
創業初期資金平均消耗預估

在服飾微型創業的型態下，讀者可將資金以年為單位分為4期計算，分別為1~3月、4~6月、7~9月、10~12月，每階段依固定開支需求注入些許平均資金，確保事業體的資金是無慮的，尤其是固定常態性開支，如人員薪水、房租、水電等，就算是商品完全都沒賣出仍然要付出的款項金額，就屬於常態固定開支。

一般會準備約3個月的常態固定開支作為保命錢（也就是所謂的週轉金），因為萬一一直處於虧損，或商品銷售狀況不盡理想時，事業體還是可以繼續營業下去。

藉由以往經驗，可歸納出創業初期投入資金的時程規劃，基本上，起碼需要約台幣120~160萬作為一年的額外需再投入之資金，且此計算的基礎為初期1~2人事業體，商品銷售營業收入約每月台幣20萬~30萬進帳。上述金額是除了每月的營業收入外，另外所需投入的準備金額，所以商品銷售才是最大的收入支持來源，千萬不能有所誤解而單靠準備金過活，一年之後仍需再有相當金額的準備資金進來，不然可能隨時會有經營不善及財務調度的問題。

> **各期該如何投入資金，建議如下：**
> 第1~3個月建議投入約台幣30~50萬，
> 第4~6個月亦之；
> 最後兩期（7~9個月、10~12個月）則每
> 期投入約30萬台幣。

新創事業體平均壽命約為1.5年，之後就會林林總總的發生困難以至於經營不下去，若是積極克服撐過3年，也只能算起步，因

為這3年剛好是許多創業者將政府及家人或是自己先前所存資金用光殆盡的一個終結點。

　　所以就事業體的一般營運，生命週期為3~5年一初期，所運作資金大多是政府青輔會創業啟動金，或青年創業貸款及微型鳳凰貸款等低利鼓勵創業資金，另外則是親友家人的初步投入，如果單純運用這些資源，大多可以支撐個3~5年；接著，5~7年即為第一波市場營運的挑戰，若設定客層或買賣商品及營運方向有所誤差，導致沒有穩定足以支撐的營業收入，一般在此時會遇到財務困難，這時候就需要出資人再次介入投資加碼，增加投資額，或只能跟銀行談所謂的個人信用或抵押型及企業貸款等較為高利的借款辦法，來解決資金不足或調度不靈的狀況；台灣中小型企業經營一般平均壽命約為13年。

這樣算就不會
有問題

▶▶創業開始後會很快地發現，資金消耗的速度遠遠超乎自己想像，所以在創業開店前，請利用營運損益表來將可能會發生的費用帶入表格內，並估算一下哪個費用是偏高的，在計算運用的過程中也會發現，買貨的數量可能根本達不到所希望的收入，創業前先運作此表計算，大致可以預估往後資金會發生的狀況，以及是否會虧損或盈餘，都有很好的預防效果。

POINT 1
成立事業單位之預算

在創業成立事業體之前，就必須仔細將下列項目表列出來，分別評估不同的時期，該花多少額度，評估後考慮一下自己是否都將款項準備好了，還是有所缺乏。若真的不足再想想哪些部份目前階段不需要，或是可以將其款項作減少支出的分配。

以下介紹四種必要性的費用，這四項費用通常缺一不可，創業開店之前需要仔細做估量。

1.商品成本

此為購買或製造商品的直接成本，購買金額的多寡將會影響營業收入。

2.店面、倉庫、辦公室等租金（須將押金2個月一併估算進去）

此項成本通常需一次付出3個月，要另外考量公司或店內裝潢是固定還是可拆式，租約一般分為1、3、5年，因裝潢攤提一般為3年，所以最常見的租約為3年合約，主要是固定裝潢需要約3年來分散金額償還（攤提），服飾店面裝潢一坪含天花板及地板行情約台幣3萬元，如果得知某店面花台幣100萬裝潢，則推估坪數大約為33坪；另外在經營上還有道具設備、生財工具等項目費用支出估算。

3.雜支相關費用

常見項目有人員薪資、水電、勞務費（律師、會計師、顧問）、其他雜支等。

4.週轉金

週轉金的計算方法以3~6個月的固定支出為基準，許多老闆們會將此項金額省略掉，卻因為沒有準備而發生週轉上的風險，是故建議有準備經營上會較為安穩平順。

POINT 2
損益表—批貨零庫存算法

　　如何清楚知道及預估款項在不同的時期該花多少費用及支出多少，以下將利用損益表的概念做為計算範本，藉由此表可以知道哪些項目超出比例範圍太多或太少而需要調整，自己投入資金後到底能不能賺到錢，所買的商品到底夠不夠賣，或是能發多少薪水？店面及辦公室租金多少才合理，都可藉由此表清楚地估算出來。

項目	百分比佔比	備註
營業額（未稅）（營業稅為5%）	100%	
商品成本（直接成品）（副料以及生產製程皆算）	50%	最大值
毛利（進帳—商品直接成本）	50%	最小值
費用（租金、薪水、水電、文具等）	30-40%	最大值
淨利（稅前）	10~20%	最小值
淨利（稅後）	10%	最小值
毛利＝營業額－直接成本 淨利＝毛利－費用 淨利稅前—為企業營業所得稅		

一般而言，毛利及淨利都需要採取越多越好的策略，所以要盡量控管商品直接的採購成本及費用的支出比例，如此才能獲得可觀的利潤空間，其中在費用項目的支出，人事薪資及租金通常是佔據最大的，若想要有好的營運績效，在人事支出及租金各自最好控制在10%內，如此一來淨利空間才會增加，事業體的營運比較會有多餘的資金收入可以運用。

　　如何讓批貨採購回來的商品盡量都賣掉，且將先前的商品出清的計算方式，就是在預計採買前，先將上一次所買回但尚未賣出的庫存商品拉來一同計算認列，估算一下還有多少產值及價格，將這些商品價金從預計採買的金額中扣抵掉，如此一來雖是過季上一期的商品，仍會有業績上的貢獻，買家們也不會一味的批貨採購，沒有顧慮到還剩下多少可利用的資源，必須想盡辦法將上次庫存之商品貨量，轉換成實際的業績帶來收入。

　　若談到「商品批貨採購成本的組合」，就必須先將其定義明確。

「商品批貨採購成本的組合」＝（期初存貨成本＋本期進貨成本）－（進貨退出成本＋進貨折讓成本＋期末存貨成本）

「期初存貨成本」：假設時間設為此次採買秋冬款式新款，期初存貨即為去年上一次採買秋冬款式或是今年春夏近期部

份庫存的商品物件。

「本期進貨成本」：此次所進貨的成本。

「進貨退出成本」：通常為瑕疵品廠商退款
或換貨成本。

「進貨折讓成本」：通常買越多折越多，所
以也須將自己的買越多折越多之折讓成本估
計在內。

「期末存貨成本」：指的是上一次高單價品
庫存，還具有相當的商品銷售力，所以當作
此次採購金額的部分扣掉，也就是將期末存
貨當作這次階段時期可以銷售的商品項目之
一。此次的批貨採買量也就不用花費如此多
資金成本！也讓庫存商品再度發揮功效，有
效的利用它們，再為自己帶來部份的業績。

● 損益表使用（舉例一）

　　如果買家們希望個人薪水為每月台幣十
萬元，以此數值套到表中換算即可得到下列
結果，因為自己所期待的薪資通常是創業的
動力來源，也最為實際、有最切身直接的關
係，所以建議從薪資作為換算的基礎，就可
知道事業體需營業多少及買多少商品跟貨量

才能滿足自己的期待報酬。

以月薪台幣10萬元來說，一年含年終約13個月，所以薪資總額為台幣130萬元，以表列之比率，薪資所得只能約佔10~15%左右，因此一年的營業額至少需有約台幣900萬收入，是故換算下來可以察覺，所需要的投注資金相當龐大。

損益佔比估算表(一)

項目	百分占比	金額（台幣）	備註
營業額	100%	推估900萬	
商品成本	50%	推估450萬	
毛利	50%	推估450萬	
費用	30~40%	約130萬元	套用薪水10萬，一年總收入（13個月含年終）其中薪資比例佔營業額的10~15%，所以以此為基礎數字回推整個事業體所需的經營收入，才能有餘裕支付10萬元的人事薪資費用。
稅前淨利	10~20%	推估90萬至180萬	扣除了成本及費用等項目就成為事業單位實際所賺到的錢，但別忘了若年度淨利值超過18萬，則須交納17%營業企業所得稅，所以企業財務會以稅後淨利為真正評估事業體是否有賺錢的考核依據。
稅後淨利	8%~10%	約75萬	若稅前淨利為90萬元（營業企業所得稅為90萬*0.17=15萬元），最終稅後淨利實際金額為90萬-15萬=75萬元，約為營業額的8%佔比，這才是一家企業事業體實際放入口袋及可運用再投資的資金，至於是否發放配分給負責人或投資股東們，則需再考量每個人所得稅的金額是否超出，或是繼續存在事業體當作運轉資金，就得依市場環境及事業體未來的規劃藍圖來做適當的分配及考量了。

至於一年該買多少貨量及金額的商品，以營業額如上表為台幣900萬，商品占比一般應分為春夏（S/S）、秋冬（A/W）二大季，每季約6個月時間，其中營業額貢獻比例分別為1：3，因為春夏商品定價較低，且促銷之節慶活動不夠多，較無法帶動買氣，所以通常在營業貢獻上只占秋冬季營業績效約30%左右。所以將年度營業額分別以4等份計算，春夏佔1等份，秋冬佔3等份，就可推算出每季每月應該採買開支多少商品成本，以下為粗估方式：

以900萬年度營業額換算（單位：台幣）				
	佔比	總收入（6個月）	平均每月銷售收入	商品採購成本設定
春夏S/S期間（3~9月）	1	225萬	30~40萬	15~20萬
秋冬A/W期間（9月~隔年2月）	3	675萬	113~120萬	55~60萬

從上列的計算就可明瞭及掌握年度業績的走向，亦可發現秋冬時期所需投入的商品成本大出春夏好幾倍，有許多企業春夏以

採取穩定維持的策略，積極募集資金及詳細深入市調分析，企圖在秋冬時期將春夏所虧損的部份分批補充填回，另外，從表列的資金推估換算，就可大約知道須採買多少件數的商品。此種方式推演亦可用於競爭對手身上，檢視一下對手的財務狀況是否有問題，進而強化自己的不足，即有機會漸漸取代競爭對手或學習企業的市場位置。

● 損益表使用（舉例二）

如果買家們希望個人薪水為台幣6萬元，以此數值套到損益估算表中，個人薪資6萬元X13個月（含年終）約為台幣78萬，78萬反除0.1（佔10%薪資佔比），回推年度營業額應為台幣780萬。

損益佔比估算表(二)

項目	百分占比	金額（新台幣）	備註
營業額	100%	推估780萬	
商品成本	50%	推估390萬	
毛利	50%	推估390萬	
費用	30~40%	約312萬元	套用薪水6萬，一年總收入（13個月含年終）其中薪資比例佔營業額的10~15%，所以以此為基礎數字回推整個事業體所需的經營收入。
稅前淨利	10~20%	推估78萬至156萬	
稅後淨利	8%~10%	約78萬	

每次買貨皆利用此表帶入計算，才有可能會符合操作事實，不然很容易憑藉著自己的喜好買太多，或者過於謹慎，無意之中喪失應有的商機及收入。

以780萬年度營業額換算（單位：台幣）

	佔比	總收入 （6個月）	商品採買 批貨成本 （佔0.5%）	每月 採購額	建議批貨 次數
春夏S/S期間 （3~9月）	1	195萬	97萬	16萬	分批批貨3次，等於一次需約花32~35萬不等的採購額度。
秋冬A/W期間 （9月~隔年2月）	3	585萬	292萬	48萬	約5次，等於一次需約58萬不等的採購額度。

POINT 3
批貨商品分類及預算估計

　　買家們在批貨購買前須先將商品款式分別分類，並且計算單位有大至小分別為：款、組、件來標記説明，如果單位計算錯誤，或至批貨（中盤）市場説法有所誤差，會導致批貨採購下單的數量及金額出現很大的差異及問題發生。

　　舉例來説，A款外套下單尺寸數量為：黑Sx1、Mx2、Lx1、XLx1；白Sx1、Mx2、Lx1、XLx1（黑白2色為2組）。以服飾專業及業者説法及計算方式為，每組4段碼S、M、L、XL每尺碼約1~2件，所以可以説為「1款2組10件」。

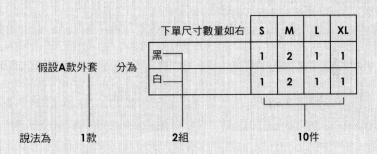

批貨商品款式分組圖

Q1、Q2、Q3、Q4季別計算說明

雖然常聽到服飾產業一般只有春夏（S/S）及秋冬（A/W）二大季別作為分界點，但是有鑑於等到季末結束都已經將近6~7個月的時間，到那時若發現狀況不對要做修正及改善都為時已晚，只能明年度再做修正的參考。

為了有效掌握及控管事業體及商品營運銷售的狀況，業者大多將年度財務及商品銷售情形分為4個季別單位計算檢核，每個季別以3個月為基礎，藉以發現問題並能即時提出補救的計畫方案，業者亦把此4個季別作為公司是否需要變更修正商品營運方向，及控管員工的目標達成績效的重要指標。

第一季Q1為每年1~3月、第二季Q2為每年4~6月、第三季Q3為每年7~9月、第四季Q4為每年10~12月。Q4+Q1為秋冬季（A/W），Q2+Q3為春夏季（S/S），以此分界點來分別評估績效的達成率，是一個相當好用且能快速檢核營運是否有問題的切割方式，以免造成來不及調整及補救營運方向、達成預定目標的缺憾。

銷售價格如何換算制定

服飾業者在定價時通常是以成本定價之方式回推實際銷售價格，除非是自己的品牌，或者商品已經廣受好評、有高知名度或是採取限量精品，才可能以期望定價法來制定商品價格。在服飾業界我們經常聽到就是倍率，也就是以採買進來的成本做為基數，乘上倍率後就等於實際銷售價格，而倍率的乘數皆已涵蓋了費用的部分，所有費用幾乎都攤提附加在倍率裡。

通常在買貨、批貨的時候，業者、盤商會使用一些專有名稱，為了讓買家們能更理解這些用語，以下整理了一些關於定價我們必須知道的基本名稱及用法，請大家熟讀喔！

批價	批發廠商給予服飾業者商品的成本價格，也就是業者買貨時的商品直接成本。
零售價	賣給一般觀光客或散客的價錢。
牌價	商品吊卡上原有的交易價格，未有任何折扣。
售價	實際賣給消費者及客戶的價錢，通常皆經過折扣及殺價過程後最終賣出的價格。
倍率	服飾業者採買的成本價乘上「倍率」後，為消費者所能接受的實際售價。
平均折數	一般而言，同一類型商品不會在同一折扣賣出，所以必須記錄核算出每一單款客戶大多能接受的折扣在哪裡？藉此換算回推牌價。簡單而言，也就是讓客戶購買商品時還是有享受到殺價的快感及空間，但實際上對於成本及營運絲毫沒有影響，仍然賺進大把鈔票。

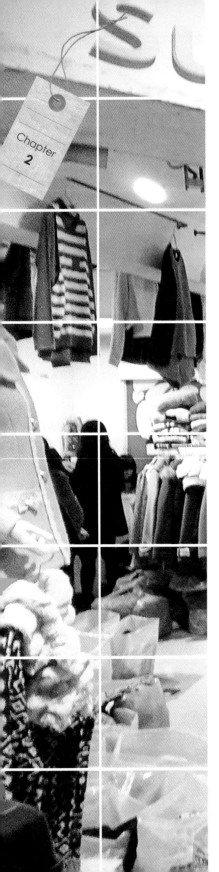

知道了上述定價所需要素後，下面將針對大宗一般較受批客業者歡迎的地區，試著換算一下如何推回售價及牌價。

● 批貨價格換算（範例1）─韓國東大門區域

假設春夏T恤台幣300元1件為批貨成本，其定倍率通常為3倍，所以採買的款式要有把握實際可賣到台幣900元（為成交價格，已含人事、運輸等所有成本），若無把握賣到此價格，就可能表示所採購到的商品成本已經高過預期，若還是批了下來即變成損失部分自己的利潤空間。知道了售價後，可以判斷一下大部分的客人針對這類型的款式，會希望有幾折的折扣空間，假設上述款式T恤客人平均較能接受再打7折才會買，我們就利用此心理回推牌價，也就是吊卡價格。用此公式反推即為，牌價=售價除以平均折數，因此這款商品的牌價需定在台幣1300元上下，才有可能賣出後從客人手中拿到台幣900元的金額。

● 批貨價格換算（範例2）一大陸地區

　　首先要先介紹一下「檔口」，所謂的檔口即為台灣業者俗稱在商城內的服飾專櫃及店家，大部分是賣貨給大陸內需服飾品牌及亞洲地區海外批發客。一般來說，用批貨成本可乘上5~6倍率（有車標的服飾，非工廠大量產製無標大貨）為實際售價，另外在攤口的近郊若採購量體夠大（通常每一款需要300件以上的最小量），就可以直接至工廠購買尚未車標的服飾商品，此類商品一般用成本乘以6倍（含以上）（無標服飾），做為實售價格，如果只是為了低價而不太介意是否有些許瑕疵，可以採買工廠內的瑕疵衣，銷售計價方式（整包秤斤賣，無法驗貨）則為定倍率可高達約10倍含以上，許多路邊攤商打著台幣100元1件，就有可能是以此管道進貨採買。

　　部分大陸批發市場的製造發貨流程，為大陸虎門工廠接到日韓來的訂單時，獲取日韓的設計及打版圖的工廠會聯繫布料及副料配件廠商，在做樣衣時同步辦FASHIONSHOW（服裝展示會），供虎門商城內的中大盤檔口下單同步製作。這時如向檔口下單採買製作，最小值每款20~30件為單位，但批貨單價會較工廠高；若直接找工廠下單製作，最小值則為100~300件的產製數量。

POINT 4
單純買賣批貨與品牌經營製作的採購差異

　　批貨單純是將商品低價買進、高價賣出，賺取價差的一種方式，所賺取的是對於流行及消費者搭配方面的整合服務，離服飾品牌經營還有一段距離。批貨商品在銷售上平均折數為5.5~6折之間，因為大多批貨者所購買的商品單價較低，通常是以網路、社群平台或擺攤經營的方式面對消費者，所以銷售折扣無法維持在理想的狀態。

　　批貨是一個銷售週期相當快速的業種，商品很快的在1.5個月內就見分曉，若沒銷售得很理想即有可能成為特價品甚至庫存，一有庫存就代表著現金被卡住了進不來，也就沒有資金再去做下一次採買經費的補充，所以幾乎所有的批貨業者都將「銷入比」（銷售量除以當季次進貨量）衝到約為90%，也就是所買進的商品9成都需要賣掉，庫存最多也只能在10%內，如此才有可能維持順暢的運作。批貨商品因為流行性較高，沒有

可用到下季的庫存（對下季而言即為過季商品，買氣會大為降低），寧可用成本價也需全數出清，假如批發來源為工廠貨，即使至季末賣到一折還是有可能打平成本。

品牌操作通常是以獨家採購代理或是設計製造來做為商品的來源，因為較批貨業者擁有較多的主顧客群，營業量體也相對較大，通常大多以實體店面或是百貨賣場來作經營銷售，因此所購買的商品成本相對較高，亦因為有品牌力的支撐相對銷售期也較長，一般而言，商品從上市到季末可以擁有3-4個月的銷售期間，由於時間差較長所以在折扣方面也相較批貨業者為高，不需很快降至接近成本的價格。

品牌所製作或採購A級品（高單價核心形象類別）商品通常最低只有至7折的空間，B級品（品牌基本長年款及價位中等的商品）通常最低至6折，反觀C級品（基本款非有任何功能性之低價位商品）折數約在3~5折。假如商品為A級品，品牌不會讓價格掉太低，寧可先將A級品暫時收起來留到下一季再賣，是故在品牌經營的架構下，通常商品銷入比至少達到70%含以上，庫存量最多也只能在30%，因此自己的公司是以批貨形態，還是設定為品牌經營，在採購商品來源的思考及運作挑選款式上，就有極大的差異。

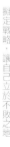

商品銷售的生命周期

　　基本上，每一商品從上市到衰退總共會歷經4個階段，分別為導入期、成長期、成熟期、衰退期，尤其是越具流行元素的商品，很快的就會循環到衰退期，使得買氣大降，面臨出清折扣的命運。

1.商品導入期

意指商品剛進入市場，業者必須花費很大的心力及行銷費用，讓消費者知道有此流行的趨勢及商品，進而使消費者慢慢接受它。

2.成長期

一般指等到消費者已經意識到並開始接受時，即進入所謂的成長期，此時期是我們出入批貨市場的業者們所需積極搜索的資訊，一般而言剛進入成長期的商品將會是未來最為熱銷的款式，此時期的商品銷售狀況可以維持理想折扣，市場有供不應求的狀況出現，批貨業者通常積極分析流行的狀況跟要件，都是希望可以嗅到及搜尋到哪些是未來大賣暢銷的款式及類別。

3.成熟期

為銷售最高峰，但是所有同業都大量進入此類別商品，所以很快的供給數量一下就大過於需求，由於每家都有類似品項，因此消費者是以價格為導向，如此紅海一般的廝殺下去，商品就會迅速來到衰退期。

4.衰退期

商品經過價格戰後，就失去獲利的利基，所以建議讀者們若自己的商品遇到此種狀況，就必須壯士斷腕，以近乎成本在不虧損的時機點賣出出場，千萬不要有死裡求生的心境，再將心力放置於此商品上。

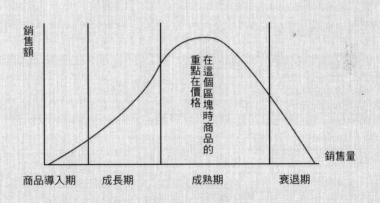

商品生命週期

POINT 5
現行批貨業者經營模式

　　現行批貨業者大多使用Facebook社團及粉絲團，加上實際擺攤來創造人氣進而累積主顧客，擺攤主要為實體展示，並做些附加的服務如部分修改等，目的在吸引客人加入自己品牌的臉書，俗話說見面三分情，有實際的接觸客人，才會彼此產生信任。另外

蒐集韓國非熱賣的庫存商品，因為是庫存，所以能以廉價成本取得，並與韓國的攤商合作，將商品放置在臉書或部落格等社群平台上，藉此幫忙代購訂貨，自己全憑電腦作業一來一往賺取價差，但要做到如此經營，首先的前提就是本身的社團會員夠多，而且大多有跟自己購買的經驗，並成為主顧客群，所以不斷曝光推展自身品牌商品，是累積主要客群穩定營業量的不二法門。

POINT 6
直接商品成本估算

批貨業者在購買商品時必須考量下列花費，才能精準的預估採買金額及款式數量。下列主要項目有進貨成本（含運輸）、關稅、行政費率及拍照成本。拍照成本之行情價通常為：攝影師台幣15000元（算CASE）、造型師約台幣3000~5000元、模特兒台幣8000~12000元。模特兒最低價也要台幣5000元，且這個價位的模特兒條件及專業度較差，計費上以CASE計一般時數約為4~6小時，每一個專案CASE拍照一般平均可以拍到25~30款（一款約2~3色），總計為75~80組，拍下來約需一天的工作時間8小時。

POINT 7
年度規劃商品銷售可採行之方式

　　基本上商品買回來，針對不同的時期點，一定要賦予相當的話題及故事性，藉此增加買氣，就算當時沒有特別的節慶，也必須發揮創意自己創造一個話題來接觸消費者，進而帶來商機。

　　理論上一定要把握的節令、銷售主題有季節新款上市、季末特惠、年中慶、母親節、父親節、周年慶、聖誕節、情人節、農曆年特拍等。除了上述這些節令外還有一些特殊方案，但這些特殊方案可能就不合適所有消費群眾了！特殊方案好比說是會員及VIP生日慶、淑女夜、八卦藝人小模話題、開學季、就職新鮮人等。批貨商品的流行週期約為1.5個月，因此在銷售3週後即能判斷是否為熱銷商品，是否需要針對部分滯銷款式做出主題活動，以期將商品賣出。

貨該怎麼買？

>> 買對的貨是個相當大的關鍵，平常自己很會穿搭買衣服，跟創業要賣給消費者絕對有很大的不同及差異，下列章節將介紹如何觀察自身品牌的消費者，她們喜歡什麼樣的款式及在哪裡出沒等等，一般自己在購物時較不會注意到的問題，所買回來的商品是暢銷賺大錢還是庫存過多導致退場，這就是品牌業者可否持續經營生存關鍵之所在。

POINT 1
如何觀察商圈消費者市場

　　由於批貨的商品流行相當快，只要一不注意就會消逝，所以觀察現有同業市場成為買到熱銷商品的重要方法之一。除了市場上款式的參考之外，筆者建議買家一定要喜歡及認同所欲批貨採買的風格，因為自己要喜歡，在賣給客人時才能更有說服力，客人也才會相信自己所賣出是一個物超所值的商品，可以就下列幾個步驟來運作。

　　首先，建議從自己喜歡的款式風格著手，剛開始批貨時批自己喜歡的東西較容易掌握，也容易推銷賣出給客人；再來鎖定自己喜歡的商圈，去觀察該區同業種店面或攤商都賣什麼？自己所設定的客群在購買時是否有猶豫，反應如何？都可作為自己採買的參考。

　　觀察商圈時，務必選擇主要客層正確的消費逛街時間，例如上班族群，建議觀察時間為星期五晚上八點以後，而學生族群建議觀察時間為星期六，若是想分析記錄客層為全家型態，則選擇星期六及日下午時段。當然以上只是通則，必須針對自己核心的商圈做出更為精確的時段分析。

另外在商圈內拍攝主顧客或可能的潛在
消費者之整體性搭配相當有效果，因為批貨
是服飾及配件，必須要了解整體關係，需要
數值約100組（含以上）才較具有採買批貨
的參考價值。

POINT 2
如何找出市場即將熱賣商品

　　批貨業者要出國採買前，會先至國內中盤批貨集散地，例如：台北五分埔、永和中興街等進行新進款式上的分析，基本上貨源皆為日本、韓國、大陸、泰國等地。分析的重點筆者建議可以放在款式設計的細節、布料使用、顏色、如何配搭、價格等相關資訊，因為中盤商的主要客層大多為副業兼職的業者攤商，也有部分店家來此批貨，這些商家尤其是店家批到貨後一定會積極陳列，或用櫥窗展示出來，消費者龐大的接觸這些主打款式後，會產生誤認此為最新流行的款式，因為許多店家所陳列出來都雷同，所以該款一定是最新款，消費者一有此認知，那該款類別勢必走向熱銷之路，所以當知道後就能分辨出國採購時哪些該買，或是不想太類似導致市場撞衫而有其他差異類型的選擇。

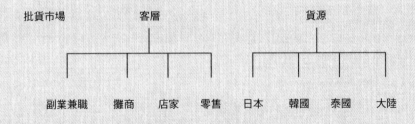

中大盤市場及客源圖

• •

POINT 3
國內中盤商熱賣蒐集重點

　　以台北中大盤批商為例,貨物來源地大部份相同且都採取大量進貨方式。假設,時間為2014年9月秋冬A/W,中大盤商店家陳列會大致如圖示陳設,前半段為重點放置,展示區會陳列2014年秋冬A/W商品,另外陳列在櫥窗的都是A級高單價商品(因較有價值才放在重點宣傳區),店面後半段較不重要,會陳列2014春夏S/S上一季的剩餘款式,所以讀者們需大量拍攝中大盤商店面櫥窗並進行服飾款式的分類,分類方式舉例可先區分製造地(大陸或韓國),在性別款式以男、女、中性,款式分類以上衣、下身、連身區分。

批貨市場貨源大致相同，假設時間為2014年9月A/W，批貨市場陳列會大致如下圖

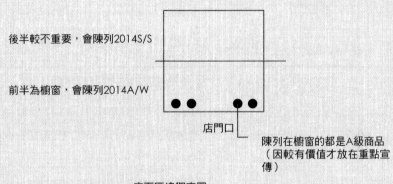

後半較不重要，會陳列2014S/S

前半為櫥窗，會陳列2014A/W

店門口

陳列在櫥窗的都是A級商品
（因較有價值才放在重點宣
傳）

店面區塊觀察圖

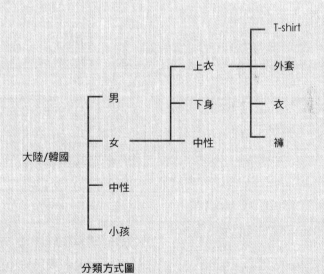

分類方式圖

假設可參考之樣本數有300款，找出其中當地中大盤所重點陳設出來有重複的50款，即為勝率九成以上的熱賣品，在市調完1週之間如能完成資料分析，建議隨即飛大陸或韓國等批發市場選款批貨，因為韓國換款週期較大陸快，為三週期間，太晚可能會無貨可買。

批貨業者若有開店，通常會去韓國買A級高單價商品，韓國買貨地點如明洞，較適合中盤商開店的業者（此地流行速度比台灣快約2~3週），另外東大門可以買到比明洞店家稍微低廉一些的A、B級商品，南大門就比較偏向C級低單價且為陸製的服裝款式及飾品，若有需要找尋較特殊有文創性、少量製造的物件商品，梨花大學商圈是不錯的選擇。

批貨業者買大陸虎門類似韓國A級品服飾商品（實為B級貨），通常價位只有韓國商品的一半（海運回台約3~5天），是沒有實體店面的批貨商家不錯的選擇之一，如果不出國也可以由大陸一些知名網路平台下單買大陸B級貨（但採購單價會較高）。

在網路上的貨源有兩種需要特別注意，工廠無標貨（其品質及質感會比較差），如要購買C級貨品，若採購量每款有100~300件，建議不要在大陸商城檔口購買，可以到商城近郊附近工廠找尋類似款式，採買價格會便宜許多。

POINT 4
平均購買時間點

○ 我們的購買時間（數字代表第幾次採買）
○ 批貨市場購買時間（數字代表第幾次採買）

假設時間為2014年9月A/W
購買時間點會大致如下圖

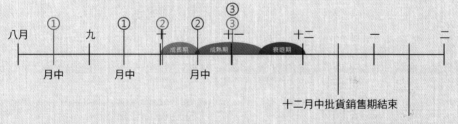

十二月中批貨銷售期結束

品牌的銷售期可以到一月中

批貨市場 採買時間及銷售週期	①8月中（採買）~11月中	②10月初（採買）~12月	③11月初（採買）（追加第二波 成熟期的貨，非新款）~12月中
買家採買時間	①9月中	②10月中	③11月初（一看到批貨市場上架 馬上跟）

備註：在第1、2波自行採買時間中可做追加，最多採買次數可到五次
通常第2波採買的獲利最高(去大陸檔口買B級貨)

購買時間點圖表

國內中大盤批貨採買時間及銷售週期約
為（以秋冬季服飾為例）：

8月中（採買）進貨後，通知下游店家
及業者展示前來採買批貨，這次所批的商品

在中大盤市場會銷售到11月中，最後將剩餘款式特價出清，或不限於批貨業者賣給散客或觀光客；10月初再採買一次進貨，一樣銷售給國內批貨業者至12月中旬；11月初會採買（追加第二波成熟期的商品，注意非最新款式）追加再次進貨商品，亦可銷售至12月中旬為止，中大盤商批貨的銷售期就此告一段落。

我們一般小額批貨商採買時間約為：9月中旬先以國內市場店面款式調查及客戶的熱銷款式，在大陸或韓國批貨市場，進貨一次，另外於10月中旬待商品快銷售完時，依上列方法做現有熱銷款式的追加，也進部份的新款。第1、2波自行採買時間中可做追加，最多採買進貨次數秋冬可高達五次（含以上），平均攤提採買款式風險及避免一次大量商品採購資金成本的投入，通常第2波採買的商品獲利最高，剛好在成長期階段（去大陸商城檔口買類似商品的B級貨作為替代），如此會衝擊到國內市場店家原本銷售核心的A級高單價商品，賺取成熟期顛峰的利差之後，該款很快就會進入衰退階段，因為我們所採購的量及付出成本皆相較於一般店家為低，是故可以很快將此款出清退出市場。另外11月初一看到國內中大盤商上架馬上跟，因為那是最後一個秋冬季銷售的波段，中大盤商如果沒有通路下游單個小廠商們的款式追加訂單，一般而言不會採買沒有把握的商品入市。

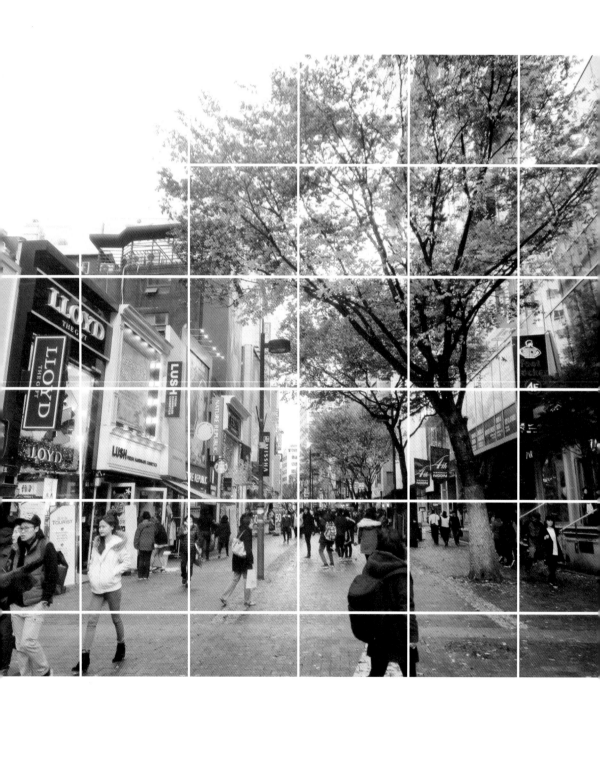

. Chapter .

3

內行人買貨術，
一般課程不會教的秘技

一般服裝市場買家大多經過多年的挫折與風浪才慢慢摸索出生存之道，彼此間的競爭
如此殘酷，當然資訊就多了許多神祕性與不平等性。本章將揭開批貨買家們的神祕面
紗，將批貨買貨的來源及技巧赤裸裸地呈現在各位面前，
準備好了嗎？我們開始挖寶囉！

一出手就能買中
熱賣商品

▶▶買家在服飾批貨市場眾多的款式中，如何挑選到消費者喜愛的商品是相當重要的關鍵，為了使買家更容易選取到合適、且成本較其他競爭買家更具優勢的服飾，在此要分享一般資深買家所慣用的方式，運用下列方法，相信可使買家在買貨前就清楚知道市場流行什麼，哪些款式將是熱賣大賺錢的商品，而且不會像大多數買家一到服飾批貨市場就眼花撩亂，被銷售店員弄得團團轉，買一大堆自己喜歡卻有可能賣不掉的商品。

POINT 1
先行預測熱賣商品

所謂先行預測也就是「做功課」，運用相關資料與自己的時尚敏感度進行分析與決定。一般來說買家若具有設計相關背景，或自認為擁有強大的美學基礎，可以採取參照設計相關書籍（例如：建築、攝影、色彩、布料等相關書籍）的方式來做準備，亦可參加關於美術或當代創意的展覽，藉此了解明年未來各行業設計師們將會採取的流行元素

及趨勢；但運用此方法必須考慮市場區域的接受度，例如：歐系國家喜歡運作鮮明色系，如橘色、鮮黃、大紅等，但亞洲市場消費者往往在用色上較為保守，在做相關流行趨勢資訊整理時不可不慎，必須截取適合的流行元素。

　　書面資料則可從流行時尚雜誌來蒐集，步驟通常是先觀察歐美設計師品牌所發表的每季走秀款式，再從中挑出喜愛的款式、設計、布料及用色後，接著參照亞太區日本及韓國服飾設計師，及相關品牌商所發表的作品。不建議直接仿製歐美設計師品牌之商品原因有二：其一是法律上的著作權及智慧財產權，其二為走秀款式所呈現出的風格，往往較具舞台誇大效果，所以從中截取元素會較適合一般市售服裝的製程與消費者接受度。而參照日韓雜誌的原因，則是日韓服飾

設計只比歐美服飾流行的資訊晚約3個月左右，可以說近乎同步的狀態，所以建議讀者、買家們可以同時參考歐美與日韓的流行資訊進行分析、判斷。

看完歐美相關服飾流行雜誌後，可再蒐集日韓流雜誌設計及品牌導向，且日韓雜誌已幫買家們做好整理及相關配件飾品的搭配，可以說是相當重要的工具書資訊；另外由於韓系雜誌在台灣各大書店的選擇相較日系雜誌少，且每本單價將近台幣1000元左右，是故可以日系為主要參考範本。

參考性較高的雜誌有下列推薦：

歐美服飾類流行情報：FASHION NEW、IN FASHION、
　　　　　　　　　　　TREND等；

亞太日本流行雜誌：　NYLON、RAY、VIVI、WITH等；

韓國雜誌代表：　　　CECI、ECOLE、YOHANTONSAN、

CINDY THE PERKY等。

POINT2
台北的批貨盤商集散地－五分埔

　　做好流行資訊分析後，不妨先到北台灣日韓批貨中盤市場－五分埔，作一下自我檢核與出國批貨前的預習，是一般初入行體驗及量體較小的買家首選之地，大部份服飾商家以批發為主，多以同款10件為單位，部份商家會賣給觀光客或一般零售客人，但通常商家較希望真正有在經營的買家來此消費，因為相對的量會較具規模，所以不妨帶著名片或經營網址來批貨較容易得到所謂的批價。當地的流行資訊及款式幾乎只較日韓當地晚1至2週，可以說幾乎同步，另外部份營運量體較大的服飾商家，也兼作代購代買的服務，所以是前去國外批貨的前哨實習戰地。

POINT 3
觀察現行趨勢的方法

　　除了上列書面資訊的蒐集了解外，做為服飾產業買家的我們必須走出去實地觀察，去體驗市場及通路，藉以了解消費者（客人）到底喜歡什麼？需求是什麼？採買前可透過網路搜尋相關日、韓代購網站，以及（網路）中盤帶貨網站，比較一下在賣什麼款式及風格商品。搜尋此類網站時買家須特別注意：網站上的商品除非是相當知名的網路通路代購品牌，不然大多商品較偏向基本款，屬中低價位的B、C級商品。取得相當的網路資訊後，就可實地至中盤實體批貨市場去進行實體市場的檢核。台北五分埔中的韓國街（松山路）、港韓街（松山路）、流行街（永吉街）都是相當不錯的實查地點；永和中興街則較適合目標商品平均年齡層較高的買家們。到這些商場去看一下、比較一下中盤場所進貨及陳列主打的是哪些款式？而價位又是多少？做好照片紀錄及筆記資料後，就可至各大服飾商圈市場做店面觀察（如：台北東區服裝店家之商品陳列）。

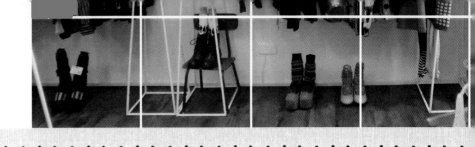

　　現今許多有正業兼職副業的朋友們，一開始因擔心投入批貨市場的成本及風險過大，所以採取新的經營模式—「先賣後買」的概念。該怎麼做呢？首先，經過上述觀察過網路市場及實體通路的款式流行資訊後，就可從社群平台（臉書／部落格／論壇／推特等）開始努力，經營出自己的同好社群及會員粉絲。但是沒商品就沒訂單！建議大家可先向信任的中盤社團平台入會購買圖包，例如「yoma 美日韓 服飾 彩妝 生活雜貨 批貨代購(http://yomaws.pixnet.net/blog/post/306353230)」，一定需先確認該中盤平台貨源為韓國批貨市場進口商品，非以陸製韓版混淆。

　　許多經營者在努力洽詢了半天之後，卻拿到無法跟消費者交代的陸貨，因為中盤網站每週會給約千款的圖檔，供經營者篩選PO版（一般實體帶貨業者一周最多50-60款），相較起來，商品選擇數量落差很大，所以選好自己品牌或客戶可能會喜愛的商品後，放在社群平台上，等消費者下單購買匯款後，再請中盤業者下訂採買；如此操作除了能避開先買後賣的庫存風險，也不必有太多資金來運作，是初入批貨市場很好的選擇。但切記，此方式較限於韓國及日本商品，由於大陸商品品質與圖檔的落差較大，不適合這樣操作，比較適合至大陸批發市場買回實地擺攤販售。（若還有不明白之處可參考臉書「服飾創業經營（教學）討論平台」：【批貨網拍（臉書）及擺攤秘技創業決勝術】＝【決勝代購 批發 網路創業術】課程講座。

批貨一點通

▶▶通常買衣服逛街消費是一件很快樂的事，但要把這件事（批貨）當成事業經營就相當有壓力了。因為需考慮到買多少？買什麼款好？去哪買（在國內、還是出國）？買完後去哪裡賣？一連串的問題常造成買家們卻步，僅停留在觀望想要的階段，相當可惜。

建議想做批貨初入行者可以先當副業經營，並且先以國內批貨中盤市場為主，等到生意及客群的累積量到一定的營業水準，且批貨收入已可以當作正職的薪資時，再前往大陸韓國及日本、泰國等地，做批貨進貨來源的考量地區。假設買家已經做好準備，國內的中盤批貨市場已經滿足不了你的需求，以下將介紹日本、泰國、韓國及大陸珠江三角（廣州、虎門、深圳）等地，可說是買家的熱門批貨市場天堂。

專業批貨並非一般想像的那麼簡單，而是有一定的流程。

a.選貨

首先必須選貨並決定下訂數量，但因批貨現場空間狹小，建議到飯店再驗貨；買家們必須先蒐集專業資料及筆記整理再至店家挑選，才能降低時間成本。

b.議價

通常每款最小下單量3~5件才可有批價。

c.付款

以現金交易。

d.驗貨及分貨

由於購買數量都相當大，所以常以快遞將商品運到飯店再進行驗貨及分貨；不需要擔心貨品瑕疵的退換貨問題，韓國商家退換貨乾脆，大部分貨品問題皆能馬上處理。

e.打包與報關

韓國出關一定要用紙箱裝箱，報關行跟包裝行通常為同一家報關行報關；建議先上關稅總局查稅率，再用數據與報關行核對，減少費用被高報的風險，通常較採用台灣人開設或在台灣設有分公司的報關行，回到台灣後就進入最後的入關報稅與送至倉庫（店面）。

f.自行帶貨

若覺得報關等程序太過繁瑣，也可自行帶貨。須注意各家航空公司的行李限重與同款商品數量限制，一般行李箱每人最多約20~23公斤、手提約6~7公斤，自行帶貨最好以A級高單價商品為主，建議買較輕款式的行李箱。

第一層：以髒亂的內衣雜物為主

第二層：A級高單價商品與自有私人衣物衣物以未整理狀態堆在一起，不要整齊擺放

第三層：A級商品與衣物以未整理狀態堆在一起（同第二層）

自行帶貨行李箱放置方法分層裝運－主要分為三層

重要提醒

❶ 若空間不足可將衣物採用捲滾法收納
❷ 飾品/小物可以放在內衣襪子裡
❸ 同一款式衣服請勿超過三件
❹ 拆除吊牌包裝以節省行李箱放置空間

韓國熱門批貨
地點

內行人買貨術，一般課程不會教的秘技

▶▶韓國服飾批貨市場以首爾明洞、東大門、南大門為主，弘大、梨花大學、狎鷗亭為輔。

　　一般買家通常會安排行程為3天2夜，早去晚回，且以星期二至四為較佳的購買時間，因為星期日及星期一，韓國東大門批貨市場通常在做大量新款進貨及換款的準備工作，現場較為混亂，銷售者較無暇理會買家，況且有經驗的買家通常也知道此情況，不會選這時間去，若這時去採買現場，商家及銷售人員就知道買家應該是新手初入行了！

　　另外南大門部分商家選擇星期六及日公休，既然已經去了一趟，就應該看到完整的資訊及店家，不然可能會造成些許選購的不完全及缺憾，因此星期二至四是較好的時段。

　　通常資深買家到首爾第一站會先至明洞商圈店家逛逛，了解並熟悉該地店家所主打的商品，比對一下韓國的即時流行與在地資訊，作一下採購批貨款式的調整，畢竟明洞就像是台北東、西區商圈數倍的區塊；逛完明洞後稍加休息吃飯，晚上約20:00就殺到東

大門，開始做大量選貨及批貨採購的行程。一般買家都會拼到凌晨約04:00才會回到飯店休息，若需要飾品或一些大陸製的袋包類及其他配件，則會至南大門採購。南大門較類似台北迪化街及後車站的組合，專賣一些南北食品雜貨及批發服飾配件等品項。

若買家行程上尚有餘力，則會再至弘大、梨花大學等地尋找文創小物市集及個性設計師小店，藉此尋求較一般大宗服飾批貨市場有特色及差異化的物件品項。此商圈風格較類似台北師大路及台大公館商圈的氛圍，而黎泰院及狎鷗亭等地則以風格異國美食著名，尤其狎鷗亭更是各國知名精品品牌開立店面的必爭之地。買家在批貨之餘可以至當地朝聖一下精品陳列及櫥窗佈置的導向，黎泰院及狎鷗亭皆為首爾當地的高級住宅區，黎泰院近似台北天母地區，而狎鷗亭則像台北信義區商圈及中山北路精品街的混合版。

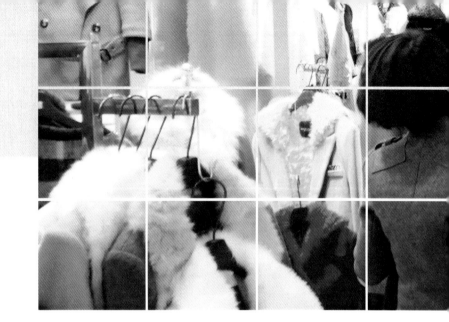

POINT 1
明洞

　　明洞為韓國一級流行地區，除了精緻的服飾品牌外，更有相當多的美妝品牌商店，是潮男潮女必經敗家採購之地。此區時時充斥著最新的流行訊息及氣味，當地逛街的客層年齡大多以20歲至35歲為主要消費族群，除在地客之外亦有大量的觀光客。

　　明洞絕對是想第一步了解韓國在地服飾趨勢的前哨站。

該區有許多間大型零售百貨，可以在此觀察一下當地設計師品牌的風格；若買家們時間較不充裕，則建議捨棄大型零售百貨，直接以該區域的巷弄店為參考重點，因為巷弄店的趨勢及服飾購買價位較符合買家的需求。

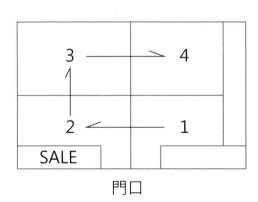

門口

買家選出符合自己客層的店面後，首先要看店前陳列櫥窗的右邊（需參考客人往來方向），進入店面後可分為四區，如左列圖示，1及2區為最重點的區塊，3及4區為輔，其中第4區越接近收銀台大多為特價過季商品，參考價值較低。

在店鋪觀察中得了解及熟悉所熱賣展示的款式，並評估一下訂價及該款設計細節、布料、色系、尺寸等資訊，作為前往東大門批貨市場的參考。在明洞商圈所看到的服飾款式，大多在東大門批貨市場亦可採購到類似的商品。

營業時間：
約11:00~21:00

區域特色：
能在這裡的店家觀察到流行趨勢，為流行服飾及保養美容用品的一級戰區，此地人潮多為觀光客。

商務百貨（包含國內外知名品牌）：
現代、新世紀、樂天百貨等。

交通：
地鐵4號「明洞站」及地鐵2號「乙支路站」皆可抵達（明洞街及明洞中央路等巷弄地區所在地）。

POINT 2
東大門

　　東大門為韓國最主要的服飾大宗批貨市場，亦為韓國服飾產業的重鎮，舉凡布料及服飾副料開發，甚至是設計皆在此地區完成。其商品及流行資訊幾乎與歐美設計師品牌同步，商品則經過韓國設計師群的重新設計打版製作，成為最符合及接近亞洲體型的款式，所以大多買家都將此地視為亞洲最新時尚流行必來的朝聖之地。

　　東大門以樂天百貨、Doosan（鬥山塔）、migliore（美利來）及hello apm為主要商場，其中大多店家是賣給觀光客為主，採零售價格，但由於近來韓國經濟市場及商場經營較無往年興盛，所以部分商場如migliore（美利來）及hello apm的一些內部商家也開始做批發生意。

　　而鄰近東大門體育場旁，即以批發為主，所以買家應該以此區域為重點，由不同的商城商棟組合而成，規模約五分埔的數倍大，買家依各自不同的選擇必定能在此找尋到適合

營業時間：
約20:00~08:00

區域特色：
此處為批發及零售區，布料、配件及生產工廠（服裝吊卡也在此區製造）。

批發商廈：
- 觀光客零售較多之商家區域
  Doosan apm、migliore、hello apm → 青少年、潮牌
  BELPOST → 大尺碼、熟女服飾
  ot → 中國製商品多、偏低價、約1:00~2:00營業
  204 → 韓製鞋類、包類、童裝
- 批發區域大多在東大門體育場後方，客層較年輕
  u.us → 商品較精緻適合輕熟女類別買家採購
  Designer club → 飾品配件、雜誌搭配風格、輕熟女
  nuzzon → 輕熟女、男裝
  valley → 潮牌、特色商場
- 廣熙大廈 → 年齡層較大，熟女、訂製服
- 清平和 → 包類、飾品、營業時間00:00~12:00

交通：
地鐵1、4、5號等線「東大門運動場站」

的商品。主要商廈為：u.us、designer club、nuzzon、valley、belpost、ot、204、廣熙及清平和市場等。

　　如何在此地找尋貨運行及買到車縫產地標等服務呢？建議找尋在台灣有分公司或駐店的貨運行較為安全，至於車標服務可至belpost商廈服務台詢問，但要提醒各位買家，在東大門當地車標的人工費用不比台灣永樂市場便宜，所以應評估採購成本後再作決定。

　　以下是針對各商廈主要銷售品項及適合年齡層做初步的介紹，買家可針對自己的需求在各商廈裡展開尋寶之旅。

POINT3
南大門

　　南大門市場主要商品為南北雜貨、眼鏡、鐘錶、相機、服飾配件等，比較類似台北迪化街及後火車站，商品的價位相較低廉，大多為大陸產製。南大門商圈為當地飾品品牌，如戒指、項鍊、耳環、手鐲等集散批發中心。此區最具吸引力的是買家可在此地對飾品進行加工設計，從設計到出貨約3~7個工作天，當然最小訂製量需要每款100件（含以上），若是要單買飾品則每款至少需買到3個（含以上）才可得到店家的批價。

　　南大門的童裝也相當的精緻及出名，買家若有童裝的需求也很推薦到此地尋寶。

營業時間：
約06:00~17:00；週六06:00~14:00／週日公休。

區域特色：
批貨市場，賣童裝及飾品類產品。

代表商廈：
崇禮門商廈、南大門商廈、大都商廈、以英文符號標示等棟的童裝選擇較多樣。
南大門的飾品接受打樣訂作，原件批貨（5件）、拆組（可自行搭配），最小訂單量為100件。

交通：
地鐵4號線「會賢或南大門站」

POINT4
韓國批貨酒店推薦

　　筆者建議至韓國首爾批貨時可選擇下列酒店，無論在單價或交通便利性上都較方便。因為買家是去批貨而非旅遊，所以越接近批貨地區的酒店是最佳選擇。應以鄰近東大門的酒店為第一選擇，若真的訂不到才往明洞或南大門、甚至是梨花大學及弘大等地區考慮。

東大門
高爺乙支路公寓酒店／Western Co-up 西方高爺酒店
- 地點：距離車站5~10分鐘、離商圈約10分鐘。
- 價位：每晚單價約台幣2000~2500元。
- 網址：rent.co-up.kr/rent-coop-chn-bodyoz.htm

Hostel Korea
- 地點：距離車站約15分鐘、離商圈約10分鐘。
- 價位：每晚價位約台幣2000元以下，預算有限的讀者買家們可以選擇此酒店。
- 網址：www.hoatelkorea.com

南大門
Seoul Backers
- 地點：距離車站5~10分鐘、離商圈約10分鐘。
- 價位：每晚約台幣2000元。
- 網址：www.seoulbackers.com/location.html

明洞
Guest House
- 地點：南大門附近。
- 價位：每晚約台幣2000~2500元。
- 網址：www.mdguesthouse.com

黎大、弘大
Casaville Shinchon新村商業公寓
- 地點：離車站約5分鐘、離商圈約10分鐘。
- 價位：每晚約台幣2000元以上。
- 網址：www.casaville.co.kr

首爾批貨行程規劃

▶▶韓國的批貨行程建議三天兩夜,早去晚回,如此可以有較優惠的價格,其中行程安排又以星期二、三、四前往最佳,避開店家星期一進貨及假日公休。網路上也可查詢相關行程建議,如:背包客(韓國/香港)、韓國觀光公社等。

建議行程安排

DAY 1

08：00~11：00	搭機前往韓國
11：00~14：00	到達明洞或東大門飯店
	→明洞有流行資訊可參考，如只 　要批貨則前往東大門
18：00~19：00	晚餐時間
19：00~19：30	前往東大門行程
20：00~03：00	在東大門批貨
04：00~07：00	睡眠時間
	→通常買家這時間會是在持續整 　理批到的貨，檢查有無瑕疵及 　打包分類

DAY 2

07：00~08：00	前往南大門
08：00~16：00	在南大門批貨
16：00~17：00	再前往東大門一次
20：00~03：00	在東大門批貨（補充前一次批貨 款式不足之商品）

DAY 3

10：00~14：00	逛一下明洞商圈，採買私人禮品物 件等
14：00~15：00	回飯店拿行李，準備啟程前往機 場回台灣

中國買貨秘技
及行程

▶▶「批貨」及「代購」往往成為初期創業的首選，部分創業者認為，大陸製造商品常是價格低廉、品質有所疑慮的，但卻不知這幾年間，大陸早已轉型成為世界各國精品的製造工廠，能產出與世界精品同等品質的商品，早已脫離低價品路線，已經逐漸往品牌之路前進。

台灣創業者初期多以淘寶或阿里巴巴等網路平台，作為進貨批發的開始，雖然不需親自飛往當地就能輕鬆採購取得商品，但由於支付的法令有所改變，並要使用第三方認證支付的支付寶，須要求買家提供(1)大陸手機門號、(2)大陸銀行帳戶，方能申請支付寶認證使用，所以大部份買家以信用卡交易，但這樣的方式由於沒有支付寶的保障，所以產生了非常多交易糾紛跟爭議。且所引進的商品品項，大多是處於市場成熟期的低價商品，許多傳統早晚市集業者都有販售，形成龐大的價格廝殺戰，因此，如想要導入中國商品及創業，建議深入製造的產地市場，才能更精確選擇合作的品牌跟商品。

中國為亞洲服飾批貨市場流行重鎮的第二選

擇，其中又以中國的廣州、虎門、深圳較為著名。此區亦為日韓一些中低價位商品的委託製造地，其中虎門為最主要的生產基地。雖然日韓高單價物件服飾會留在本國內自行生產，但中國產地部份熱心的廠商會隨即派員至日本東京、大阪及韓國首爾等地服飾批發市場去做市場調查及商品開發，不到約三週期間，就開發設計生產出類似且單價便宜近乎一半的款式出來。

　　若認為韓國產地服飾購買成本單價過高，中國珠江三角是買家們一個相當不錯的批貨購買選擇天地。一般而言虎門和廣州為日韓服飾生產重鎮，深圳地區則為歐美精品代工之地，所對於日韓服飾的買家而言虎門及廣州才是必要尋寶之地。通常虎門生產級別在中價位之商品，廣州則生產品質和價格較低之類似款式品項，所以筆者建議至當地買貨以虎門為重鎮，次要為廣州。

　　由於中國珠江三角地區的幅員相對遼闊，所以一般資深買家會安排至少4天3夜早出晚回的行程，且以虎門及廣州為重要首去之地，由於星期日和星期一、二為部份商場休息及大進貨的日子，所以筆者較建議買家盡量排星期三至六前往當地批貨採買。

　　行程普遍來說，會先安排前往虎門商廈檔口確認自己所收集及欲採購款式資料，在虎門檔口確認是否為主要銷售商品？單價為何？巡完後晚間再去（寫字樓）為服飾設計中心，參考一下最新的流行款式或資訊，其有大量的資料可供買家參考及小量下單製作，所以是一個不可或缺的資訊來源。第二天再前往廣州尋求可替代高單價款式的次級替代性類似款，第三、四天則再將重點拉回虎門選擇買家心中較高價位等級之商品品項，如此一來就可完整將商品類級別買齊，開心結束大陸批貨採購之旅。

POINT 1
中國批貨行程規劃

行程建議可參考：程攜（大陸）（此網站需有大陸門號，才能進行訂房、訂機票等相關服務），特別注意大陸訂房時最好要有

DAY 1

09：00~10：30	先至香港或廈門轉機
10：30~12：30	前往虎門
	→到虎門約1.5小時車程
14：30~15：00	飯店入住確認
15：00~17：00	去商城
	→先不下單採購，只是先去對照自己所選的款式是否有出（以高單價之A級品為主）
17：00~18：00	晚餐時間
18：00~21：00	去寫字樓看一下流行資訊

DAY 2

08：00~10：00	去廣州（車程約2小時）
10：00~15：00	批貨
	→在廣州找到昨天虎門A級品（高單價商品）的替代品再下手（替代品為B級）廣州車站站西商圈，批C級品
15：00~18：00	在白馬商城批B級品（中價位商品）
18：00~19：00	跟貨運行對點
	→對點即為約時間地點取貨，約需1小時大陸買貨部分擋口較沒有退貨機制，需當場點清，買完即可直接報關

內行人買貨術，一般課程不會教的秘技

訂購紀錄，並以傳真或mail等方式留下資料，口頭訂房有時
並不保險。

	08：00~09：00	起床整理訂單
	09：00~11：00	前往廣州、十三路商圈
DAY 3		→有很多獨家B、C級商品（為中國內需品牌）
	14：00~15：30	回虎門
	15：30~18：00	批發商城買A級品（高單價）
	18：00~22：00	寫字樓
		→已事先預約延長時間，針對想要自行設計之商品確認下訂製作，平均一週後即可製造完成並寄回台灣

	09：00~10：00	早餐時間
DAY 4	10：00~18：00	往虎門商廈待到營業時間結束
		→補足之前未採購到或追加的A、B級商品
	18：00~19：30	往香港或澳門
	19：30~21：00	回到台灣

POINT 2
中國批貨的注意細節

　　首先是貨源與退換貨的問題，買家們買貨時請盡量於商城商廈（檔口）買貨，因能進駐的廠商是有經過當地主管機關認證的，若向商城外圍攤商購買的貨品常會發生瑕疵、侵權以及製造或貨品取得來源不明等問題。商城商廈與外圍攤商的區分方法如圖所示。雖然商廈外圍攤商常可以買到跟商城內相近的商品，且單價比商城商廈內的價格低30%左右，但較無保障，建議還是選購商城商廈內之商品。

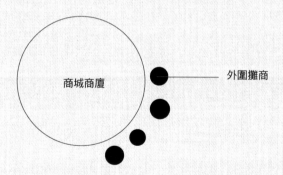

POINT 3
熱門批貨地點—虎門／太平（東莞）

　　此區為日韓最大生產重心，距離廣州車程約3小時。日韓樣版製造的集散中心位於金龍、銀龍、大沙、虎門路等25座以上大型賣場。每個賣場各有商品特色。

賣場	商品特色
富民大廈	以童裝、皮件為主
黃河商城	內需品牌集中地，其價格與台灣差不多
大瑩商城	以經營日韓服裝、大陸內需品牌為主
金百利、新時代、新浪潮等商廈	大陸內需自有品牌

寫字樓亦是本區的重點之一，位於仁貴、銀龍等路段上，在寫字樓可以看到最新流行資訊，是設計師初步小量下單的指標。正常營業時間約為09:00~19:00，如先預約可要求營業（主要業務工作）至22:00。工作內容有：ODM工廠接單、設計生產，需注意每款最小量100件左右，若是跟單則可以約30~40件為單位。一般配布、打版、設計約需三天打樣時間；整理流行資訊、設計結構拆解、套用工廠現有版型，則需兩天打樣時間。

POINT4
熱門批貨地點─廣東

廣東的批發區域以流花商圈、站西外貿服務、金象及凱榮批發商廈、白馬服裝市場、天馬商廈、十三路商圈、新中國城與紅遍天等商廈為代表。

區域	商品特色
站西外貿服務	以外銷歐美、ODM（代工設計）為名
白馬服裝市場	為最大的女裝檔口，約上千多家以上的攤位業者，品項大多以上班服飾、中高階男裝為主
十三路商圈	因距離較遠且無地鐵交通不便較少批發客，商品以外銷及中國內需品牌（多大陸品牌）為主
新中國城	較少台灣批客前往，內地業者較多（內需品牌）

POINT 5
熱門批貨地點—深圳

　　深圳從香港搭廣九鐵路車程約1小時可抵達，代表商廈則有：以精品皮件A貨為主的羅湖商業城；身為歐、美、日、韓精品服飾代工設計中心的東門東路、人民南北路、心園路；以歐系中高檔女裝之備料及副料生產與仿製品生產的人民南路商圈；另外還有新白馬、駿馬、南洋及新港灣等商城。

日本批貨一點通

▶▶日本較為業者所熟悉的批發市場，被零售業者稱為「批店（問屋）」，批店的銷售對象僅針對各國有合法營業執照的業者們，招募實體店面經營者為會員，比較特殊的是，批店不讓一般非業者的觀光客進入參觀，一般人自然也無法取得批店的商品及優惠價格。

在東京，批店集中於馬喰町，以海渡、MDM、根萊、都纖維、丹波屋、大西等為主要，各家批店多以3-4個商棟將商品屬性分類，種類囊括：服飾、雜貨、飾品、文具、玩具、藥妝、包鞋配件、食品、電器等，批發價為日本市價的4-6折，對業者來說，相當具有競爭優勢及空間；而大阪的批店則集中於堺筋本町，分別為寺內、大西、丸光、根萊、江綿等，大阪比較喜歡業者常來賣場光顧，以日本平價服飾商品為銷售的大宗，價格優惠回饋上也相對大方。

東京、大阪的批店，皆以實體店面日貨經營者為主要會員，故申辦會員資格需備妥下列資料，才有機會申請成功：(1)營利事業登

記證、(2)實體店面照片、(3)負責人名片＋護照＋證件大頭照等。除資料審核外，尚需經批店面試官面試審核，彼此洽談企業經營理念以及想經營日本商品的原因等，通過一關關嚴格審核才能成為會員，篩選出優質的合作業者。

在虛擬通路盛行的市場趨勢下，日本的百貨及實體店面得以繼續生存，沒有引發強烈的電商淘汰戰，剖析市場結構的分析觀察，日本非常重視規則及誠信，若廠商的牌價制定出來，所有通路都會遵守相關的規矩，絕對不會出現其他的價格，是故，消費者較無法存在僥倖的心理去網路虛擬平台比價購物，即所謂的「台式小確幸」。

日本企業體從設計、生產、銷售通路的彼此交易型態，都相當重視資格條件，一定要有公司的營利事業體及經營相關項目，還有合法報稅繳納等紀錄，並經歷企業面談等過程確認彼此的經營理念，才會進行到簽約合作的程序，如此才能購買到相對批發價格的商品。也因為日本的批發資格取得不易，擁有者應更加珍惜，配合一致的市場默契，不隨意降價以免破壞市場機制。

泰國批發懂門路

▶▶泰國前總理曾推出泰國的觀光方案，善用歷史文化發展文創產業，將曼谷導向成為時尚設計之都，泰國商業促進廳舉辦的時尚秀，近年已經成為亞洲時尚的趨勢指標，目前泰國政府發展並致力以服務業導向為進出口貿易核心、其中以文創設計產業為推廣重點，企圖成為亞洲的流行設計中心，並且大量投資創意泰國等相關計畫，以讓泰國的文創產業發光發熱為目的。

藉由軟硬體提升及政府補助，泰國政府企圖積極凝聚相關文創產業鏈，建設國際型商棟賣場及文化創意設計中心，設法多面向滿足文創設計業者軟硬體上的需求。像是在商棟及設計中心旁，一定配置了非常便捷的交通運輸系統串聯其中，讓各國觀光客輕鬆抵達參觀選購。而曼谷泰國創意設計中心（TCDC），就是展示設計師作品的大舞台，目的是為了讓設計師們更加了解消費市場需求，與消費者密切接觸，真正好的設計應該要能貼近市場，出產的物品必須被消費者接受並使用，讓設計真實融入生活不再只是憑

空想像。

泰國的設計文創商品，以曼谷的暹羅（Siam）車站周遭為國際化商圈賣場，讓不同的消費客層都能得到各種滿足，每一商棟的客層層次需求，都結合了美食、文創商品、娛樂等。像暹羅購物中心（Siam Center）是以泰國本土設計師品牌為主要的陳列設櫃賣點；沙炎模範商業中心（Siam Paragon）以各大國際精品為主軸；若屬於較為年輕路線的平價潮牌或是需扶植、尚未成熟的設計業者，就設置於沙炎商業中心（Siam Square），另外除了這些設計品牌外，若想要隨意購買低單價商品雜貨，可以到附近的群僑商業中心（MBK）商棟賣場，而國際藝術設計館及沙炎發現中心（Siam Discovery）又建構了更為國際化的相關精品，無論是哪種消費需求，走一趟都能獲得全面的滿足。

其他還有位於曼谷的大型綜合購物商場「Terminal 21」專售高價位品牌，以及水門市場商圈以中低價位服飾為主，寶馬市場則販售低價位服飾，如果需要設計製作飾品則以考山路、石龍軍路及三聘市場為主軸，還有不少設計文創業者們，最喜愛去恰圖恰（Chatuchak）週末市集。泰國商品因為深刻的在地化設計，深受許多台灣消費者喜愛，所以許多業者會在泰國洽談獨家代理及合作開發設計製作，甚至進而投資品牌成為夥伴。

4

創業開店錢
從哪裡來

創業開店是每一個欲進入服裝產業領域的人所希望的舞台,如何將這個夢想逐步建構
出來,關鍵就在於資金如何而來,得到後又如何妥善運作,發揮錢滾錢的最大效益。
重點在於一步步的踏實築夢,才不會如泡沫般又是幻影。

服飾業大家都做些什麼？

▶▶服飾產業經營依進入門檻的高度及投入資金多寡，由低至高、由小至大，大致可分為批貨、代購、獨家採購代理、經銷、自創品牌、設計製造等幾種方式，接下來要分別介紹這些經營的方式各有何特色。

　　開立事業單位及選擇確定商品的經營模式前，須事先規劃及評估的風險為主力客層、商品型態，及價格、販售地點等要素，完整評估過後才能提高開立事業單位的成功機率。論及「品牌設計」製造，品牌的庫存率應保持在30%以下，而品牌客單價（售價）通常為採買成本價的4倍；「代理採購」的庫存率為10%以下，代理採購的客單價（售價）通常為成本價的1.5~2倍；「批貨」的庫存率則須盡量接近0%，批貨的客單價通常為採購成本價的3倍為實售價格。有了以上概念之後，以下將就分類項目做詳細解析。

a.批貨

　　亞洲批貨市場基本上是以韓國、中國、日本為大宗根據地，對一般業者而言批貨比例則是韓國為首，中國次之，再來為日本。若就款式來討論，大多以A、B、C三種等級來區分商品級別。

　　A級商品為較高單價，可以代表品牌形象及主力款的商品。B級商品為中間價位，且所採購進貨的量較為龐大，是一般客層能接受親民的價位。C級商品為低價位或是較無任何設計，亦有可能是質感較差的商品，通常為價格戰策略所衍生出來，以低價吸引客人帶入貨之入門商品 。一般服飾業者在採買數量的比例上，A級商品約為20~30%、B級商品約60~70%、C級商品約10~20%。

● 韓國（首爾）批貨

　　韓國的服飾產業為整合性產業，從事相關工作的設計師大多需有執照認證，人才幾乎集中於國家政府所主導的設計創作中心，該創作中心與上游布料商及製作工廠密切配合，一般在三週內即能完成從設計、打版、製作、產出的流程更換新款，其中A級商品會由韓國本身當地工廠製造，B、C級則交由大陸虎門製造，再空運回東大門批貨市場銷售。

　　韓國服飾款式設計的流行資訊多來自西、南歐，及義、法、英國等第一區流行風潮的集散地，但由於歐系設計師所用的布料及顏色設計細節甚至尺寸，不是那麼符合亞洲人的喜好及體型尺寸，所以部分韓國服飾相關業者會去歐洲第一流行區看完各個設計師及知名品牌下一季的服裝發表會後，將款式重新拆解設計，轉換製作出符合亞洲人的款式及設計，是故韓國一直保有亞洲流行服飾市場最大集散地的地位。

東大門首爾是最大服飾批貨市場，有許多大陸製的無標衣，坊間常見聲稱「日韓進口」商品，有些是買沒有製造標籤的衣服，會由買家批完再自行車縫上現成「韓國製造標籤」販售，但其商品本質仍為大陸製造，若因此以韓國製造的形態及價格賣給消費者，此舉有觸犯刑法詐欺的風險，不過消費者要確實舉證業者有違法之嫌疑，在交易市場是較不容易的。

韓國接受瑕疵品退換貨，所以買完後若不能當場檢查，最好回飯店清理貨品時再檢查確認一次，萬一真的沒發現，回到自己國家後只要能拍照舉證，仍可以要求退換，但郵資方面就要自行負擔了。採買時須特別注意，同款式10件可以拿到所謂的批發價格，但盤商只接受現金交易。

● 中國批貨

　　許多日韓的B跟C級商品,幾乎都大量發給大陸珠江等地區製造,所以大陸成為日韓商品最大的製作工廠,因此許多日韓流行及風格商品不需要至日韓本地購買,到大陸批發集散地去看看,一定會找到類似相同的品項,而且價格會是日韓批貨近乎一半的價位,對於買家而言,是另一個相當明智的選擇。

　　下列將提供幾個中國較著名的批貨集散地給買家們做參考。

浙江(義烏):為飾品及皮革,袋包配件鞋
　　　　　　款等集散地;
廣州:為中國內地本身品牌B、C級商品出產
　　　地,流行週期約慢虎門兩周,價格相
　　　較於虎門便宜;
虎門:是日韓B、C級商品代工的生產地;
深圳:為美式休閒、歐美包袋類及歐系設計
　　　精品製造集中地。

在買貨的過程中務必確認商品數量及金額，並且詳細檢查是否有瑕疵，若有一定要立即更換貨，因為少數大陸商家仍有一離場概不負責的情況會發生。相較於韓國需同款10件才能拿到批價，中國通常10件不同款式也可以拿到批發價格，但一樣只接受現金交易。

● 日本批貨

日本服飾通常為內需路線，不太喜愛跟國外交易，而且由於近年來經濟不振，整個社會環境消費呈現M型狀態，所銷售的單價不是極高就是極低，幾乎沒有中間值的價位。日

本M型化社會，約有70%的派遣工，所以消費力普遍較低。在日本M型化社會下出現的代表商品有：高價位進口產品（例如：來自法國、西歐知名品牌商品），或設計師自行設計每款零售價約台幣2萬元（含以上）；低價位零售價約台幣500元左右的產品，但多為大陸生產製造；無中間值零售價（台幣2000~3000元左右）的品項選擇。

　　若買家們有意前往日本進行採買，建議做個人設計師獨家代理品牌，因其低價商品大部分皆來自大陸製造後運回國內銷售，所以要去日本買低價品項商品，不如直接去大陸虎門等地購買還較為划算具有經濟價值。

　　日本批貨需要商業登記同類型的業種，才能拿到「批卡」，如此才能在批發店家批貨。批卡的取得資格需為事業體負責人本人批貨且需會費，若為代理人去，則需要委任代理證明文件佐證，除商業登記外還需出示實體店面招牌及陳列照片，審查嚴格。在日本批貨大部分商家為現金交易，僅少數可以刷卡。

b.採購代理

　　許多人會將批貨與採購代理混為一談，以為只要出國採
買進口貨就是採購代理，或是以交易金額作為判斷基準；這
些觀念都是不正確的。

　　所謂的「批貨」是單純的商品交易買賣關係，無關乎品
牌，或是否獨家的觀念，買家通常是將貨品以低價買進後，
乘上自己所需要的利潤販售給消費者，賺取中間的價差作為
利潤。而「採購代理」一般則需要簽訂獨家代理契約，無論
在品牌LOGO及形象，或是商品通路、裝潢道具等，都需
要被原品牌規範及限制，不能隨意操作及更改。所以若在同
業裡發現同一品牌商品皆出現在不同店家，那就可以大膽研
判，該品牌商品只是店家「批貨」來的，非所謂的「採購代
理」。「採購代理」有幾個重要的面向跟步驟，以及較常出
現的經營模式。

　　作採購代理通常都會簽訂相關契約作為限制，以設定共
同條件基礎做為簽定品牌代理授權契約，常見的代理授權契
約會提及以下幾個面向。

•通路授權
意指簽定品牌授權，獨家唯一的通路代理，即為只有自己的
店家通路可以運作其整體LOGO及視覺形象，並以販售該品牌

商品為單一核心，若業者想在店內放置其他品牌商品，則需獲得通路授權品牌同意。

•LOGO製造授權

選擇此作法的背景，通常有工廠配合或者自己是以工廠製造起家，因為此授權限定於代理設計製造。

•產品授權

此為單純將商品賣給業者，與批貨不同的是，不會再賣給其他在同國家區域銷售的業者店家，但商品往往會有所限制。例如：生產100款，但分配時歐洲60款、美洲30款、亞洲10款，所以業者可能只能從被限定的10款內去挑選買進。用產品授權方式無法有決定權，代言人廣告等行銷方式、甚至上架產品款式都由原品牌總公司批核後方可實施。

c.代購

代購是一種打破過去一般先買後賣的交易模式，主要是先得到消費者預期購買的資訊後，並確認有意願購買商品，業者幫消費

者買回，利用可得到較市場優惠的價格及手續費等，對於業者來說，優勢為沒有傳統買賣商品庫存的壓力，除非是消費者臨時違約反悔，但這機率上畢竟是少數，獲取營業利基。通常代替無法出國，或對於國外品牌官網有語文上及銷售流程不熟悉的消費者代為購買的一種服務方式。

以下就現在市面上常見的代購交易模式、型態、步驟做了簡單的整理，提供各位作參考。

現有的代購業者通常會收消費者5%手續費，即為商品牌價定價乘上1.05倍，不過這並非代購業者的實際獲利。若消費者自行從國外大量購買，則實際購買金額為：定價+國際運費+關稅（約13%），如果因為買的數量超過海關限制，甚至會被判斷有營業之可能事實，再被海關代收約5%的營業稅。

以上這一點要特別提醒買家們注意，正統的經營代購業者通常擁有商業登記，是以批發價格在購買商品，因此代購金額約為「批價=定價60%+國際運費（由消費者負擔）+關稅約13%」，另外若數量不多，更有可能以手提行李或郵寄來獲取更多的價差空間。

舉例來說：定價約台幣1000元的商品，關稅約13%，運費約台幣100元，自行採買和代購差別在哪？

自行採購：

定價約台幣1000元+國際運費約台幣100元+
關稅約130元＝約台幣1230元

代購：

批價台幣約600元+國際運費約台幣100元+關
稅等＝約台幣700元上下不等

ps.代購賣家利用不同的帶貨方式除手續費外，可以用更
低價格及成本來賺取利潤。

d.經銷

　　在沒有自己實體店面的情況下，許多業
者會採取選定希望的商圈，尋找適合的同類
型業種店面，洽談經銷合約後，將商品放入
現有通路的經銷商店面展示，並利用經銷商
店家原本的客層及銷售能力來賣出獲利。

　　與經銷商洽談的條件一般有兩種，分別
為「買斷」與「寄賣」。但由於經銷店家對
於不熟悉的品牌或商品一般採取觀望態度，
所以大都只能談到寄賣的條件，但要擔心的
是一旦寄賣的銷售狀況不理想，在季末時就

可能發生從經銷店家的大量退貨。

　　若洽談為買斷，通常利潤為五五分，雙方平均分攤。但若為寄賣，通常經銷商店面不會只放一家產品，會多家商品一起販售以增加店面的豐富性，商品有賣掉經銷店家才會給錢，利潤為六四分，經銷店家為四成，品牌商品供應業主為六成。但並不建議品牌商用寄賣方式，因為需自行負責庫存，特別是遇到別家商品正在促銷時，很容易讓自家商品陷於不利的銷售狀況，也有可能對於自身商品在價格及品牌形象上造成很大的傷害。

e.品牌（自行設計製造）

　　當經營一段時期後，許多業者會發展成為自創品牌的模式，此時許多商品會依照品牌的客層定位及季節的流行趨勢等元素，將款式商品自行設計打版後交由工廠發包製造。另外在行銷及廣告運作方面，也都依制定目標，自己編列預算及規劃，通常做到這樣的階段都會發展實體直營店面，求品牌形象風格的統一；市場上連鎖體系的相關服飾品牌大多為此種經營模式。

批貨做生意有哪些方式？

▶▶買家需有效掌握市場服飾流行，及各批發區域國家的製造時間階段，如此才有辦法在恰當的時間點取得有賣相且成本較低的商品，如此的操作規劃才有可能每次採買進貨都能很快銷售完，獲取現金減少庫存量，使事業體經營得更為順暢。以下為服飾流行的週期分析，應從中尋找批貨採買的恰當時機。

POINT 1
服裝週期及批貨時間技巧

相信許多買家們都對年度的服裝週期感到好奇，到底什麼時候該出手買貨？以下將以秋冬A/W為例，解析整個檔期重要的時間點，讓買家們對於整個批貨週期有明確概念，也對自己的出手更有信心。

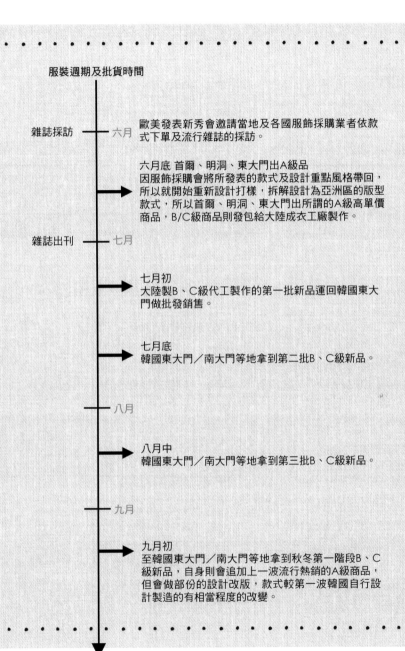

服裝週期及批貨時間

雜誌採訪 —— 六月　歐美發表新秀會邀請當地及各國服飾採購業者依款式下單及流行雜誌的採訪。

六月底 首爾、明洞、東大門出A級品
因服飾採購會將所發表的款式及設計重點風格帶回，所以就開始重新設計打樣，拆解設計為亞洲區的版型款式，所以首爾、明洞、東大門出所謂的A級高單價商品，B/C級商品則發包給大陸成衣工廠製作。

雜誌出刊 —— 七月

七月初
大陸製B、C級代工製作的第一批新品運回韓國東大門做批發銷售。

七月底
韓國東大門／南大門等地拿到第二批B、C級新品。

—— 八月

八月中
韓國東大門／南大門等地拿到第三批B、C級新品。

—— 九月

九月初
至韓國東大門／南大門等地拿到秋冬第一階段B、C級新品，自身則會追加上一波流行熱銷的A級商品，但會做部份的設計改版，款式較第一波韓國自行設計製造的有相當程度的改變。

POINT 2
初學者買家易犯的錯誤

　　許多初入批貨的買家都會以為只要跟著人群去批貨準沒錯，也以為這樣就可以賺大錢；其實批貨很注重的是時間點，不要盲目地買，而是要買得正確、買得精準。以下整理出一些初學者買家易犯的錯誤，並給予相關建議，希望所有買家們都可以從這些錯誤的經驗中學習並避免犯相同的誤失。

初學錯誤整理

初學者易犯錯誤	六月底去韓國買A級品	七月初去虎門買B、C級新品	七月中向廠商下單，七月底拿貨，八月初商品拍照陳列曝光，八月底銷售進入成長	九月初買A級新品
原因	台灣缺乏韓國服裝資訊，如商品太新根本還未在台灣流行，尚未流行也就代表會賣不掉		等待初學者及商家宣傳完新品，商品進入銷售成長期時再行動，即可省下行銷宣傳費用，且買註定熱賣的商品即代表零庫存	台灣缺乏韓國服裝資訊，如商品太新根本還未在台灣流行，尚未流行也就代表會賣不掉
建議做法	六月底去韓國買上次的A級品庫存（因已下低折扣且台灣正在流行）	七月初去虎門買上次B、C級庫存	等商品進入銷售成長期時再去批台灣市場上的A級熱賣商品，此時韓國已進入折扣期，帶貨回台時同樣商品價格會比目前市場更具競爭力	九月初買上次A級新品庫存

　　相信買家們會投入服飾產業一定有某種程度的喜好及企圖，先前提到，成立一個事業體就像生小孩一樣，培育（經營）的過程及藍圖往往比生出（成立）來得艱辛，所以我們將自己的事業體分別分為1、3、5、10年等不同階段的計畫，期許自我將朝向服飾自有品牌路線，甚至擴大為連鎖加盟等方式來經營。

　　基本上第1~3年主要為攤商期，為流動攤位，或是承租市場攤位或店家騎樓走道等銷售通路，也有另外一群業者採用虛擬通路（社群、網拍等），還有一批人鍾情於實體店鋪，但是折衷以店面分租或道具承租來進行。此時期為客層培養期，累積及尋找適合的主顧客群，目的在穩定營業收入量體。進入第3~5年，因已經營一段時間，相當清楚主顧客的喜好及有多少數量，對於營業額收入也較有把握，並因為有3年的養成期，對於上游貨源的店家較為熟識了，此時可朝中小型批貨盤商、網路代購、虛擬通路拍賣及商城設立、實體店面（Show room）概念型態來積極與客戶交流互動。此階段仍旨在客層培養期。

　　到了第5~10年，則來到品牌發展養成期的階段，正規自

創品牌養成需約花10年的經營累積時間。此時30%產品可以試著自行設計製造，虎門的寫字樓，可以幫忙打版（現場有樣衣可參考，業者及訂製者本身不需具備專業設計或畫圖能力，只要會判斷整合流行要素即可），最低起訂量每款約100件；70%商品仍維持批貨代購。另外針對工廠或批發地所批貨回來的B、C級商品，可做些附加設計，在大陸買便宜現成商品加上副料做修改，如滾邊或是蕾絲等後加工；比方說T恤單款成本每件可能工廠進價約台幣50元，但若創出及累積品牌價值及效應後，牌價可以賣到約台幣1000元（含以上）的價格，由此可見為什麼大多業者最終皆想走向品牌之路。

POINT4
不可小看的網路經營模式

　　自從網路消費盛行之後，許多業者便不把實體通路當作唯一通路目標了！有越來越多的業者將自家營業的觸角探到網路世界

1年

3年

5年

10年

攤商期／虛擬通路、網拍／分租、道具、店面

中、小型盤商／代購、虛擬通路／店面(Show room)

客層培養期

品牌發展期
•30%產品自行設計製造
•虎門的寫字樓可以幫忙打版
（現場有樣衣可參考，訂製者本身不需具備畫圖專業）
最低起訂量100件
•70%批貨代購，出產B、C級品
•可作附加設計，在大陸買便宜現成商品加上副料作修改
（EX：滾邊或是蕾絲等）後加工，總成本約台幣50元
但牌價可以上到約台幣3000元的價格帶

正規養成教育需花十年的時間

品牌年度計畫

中，但也有許多業者因為種種的不確定性而卻步。以下就現在常見的虛擬、新興通路的操作模式作簡單整理，如果操作得當，虛擬通路可以創造出的商機，將比你可以想像的更加驚人。

如果你以為虛擬通路只是網路拍賣、網路商城，那你可能就錯失了一條可以創造出驚人商機的康莊大道。目前最新的作法是「Facebook行銷」。

首先需創立開放式的Facebook臉書社團或粉絲團，再前往韓國或大陸拜訪中大盤批貨廠商，經過幾次買賣建立彼此信任後，拿到批發目錄，並洽談批發合作方式，約1~2次與商家建立關係後即會定期收到目錄，將大量照片及款式PO文（PO上目錄照片）在虛擬社群平台上，以供消費者下單選擇，在達到一定的集貨下單量後才出發到韓國批貨、帶貨，回國後一一寄送到已下單的消費者手中。當然在這個操作手法下，可以就消費者下單較眾之商品多帶幾件回台以現貨方式販售，畢竟從預購之消費者的購買調

查便可出歸納出哪些商品是熱銷款？哪些商品受到台灣消費者的喜好？如此也較容易抓住消費者口味及降低庫存風險。

虛擬平台會員數龐大，且有過交易及維修服務等互動的經驗，是故商品目錄一放上去後，等待粉絲們下單，集至一定數量再和韓國或大陸中大盤批商訂貨，如此即省去出國費用成本及先買後賣的庫存風險。但需注意虛擬網路平台預購須註明保留變更權力，如交貨期、是否有貨等，避免萬一國外中大盤批商沒貨或交期延遲等問題發生，而與消費者有不愉快的爭議。

另外，除了預購的批貨外，買家還可以藉由出國帶貨（採買消費者預購商品）的機會，買一些從國外批發市場自行帶回較為精緻特別的商品（A級品），以擺攤試賣來銷售、貼近接觸消費者，目的除了測試客層的反應及回饋外，也可同時請客人加入社團，增加及吸引臉書的粉絲數量。

POINT5
批貨做生意的其他注意事項

a.商品來源

業界經常會用一些話術來作銷售，買家們在採買時最好

謹慎注意這些坊間術語中所包含的玄機；好比說：「日韓進口、日韓下單、日韓新款」大多指的都是大陸製造！所以應注意來源地分為兩種：進口地、製造地，商品應該以製造地作為價格參考價值的考量。

b.相關政府規範

在術語之外則有相關政府規範需要注意，如：大陸針對「反傾銷商品」的規範。目前大陸製造的鞋類和部分的女裝，因為長期衝擊國內相關製造業者，所針對大量傾銷的商品會有反傾銷相關規定，所以服飾部分類種商品的關稅會高達約40%~50%左右；因此，此類商品不建議批貨，批貨前應至關稅總局網站查詢該品項之進口稅率，評估後再做採買的決定。

c.個人信貸

關於財務方面則有個人信貸需要特別留心，目前信貸利率為13%~17%，利率高低可與信任的銀行洽談，但請注意一個月內徵信三次則會被誤判為信用不良，請勿讓各家銀行自行去徵信，造成無法降低貸款利率。個

人信貸前可親自至聯合徵信中心約花台幣100元查詢後,直接給銀行審核即可。

d.商圈評估

跟一個店鋪業績好壞有直接關係的是商圈,通常商圈會決定你的客群、消費力、普遍喜好等條件,所以商圈的分析與評估是需要業者費許多心力的。選定商圈之後即需要考量該如何利用這些現成聚集資源,作為擺攤接觸消費者的通路參考,不要浪費商圈可以帶給你的附加價值。

e.攤位租用

有些業者會在創業的過程中選擇租用實體攤位、櫃位的方式來做通路;然而,許多業者都會有貪小便宜的心態,攤位、櫃位租用最大的考量點不在於金額高低,而是效益。舉例來說:一般傳統市場皆有市場管理委員會管理,適合賣便宜商品(所謂C級低單價商品),也有許多攤商會刊登釋出部分天數攤位,一小格攤位,通常一天6~8小時為台幣約800元左右,在承租時請注意是否為該區域銷售黃金時段,非黃金時段就算再便宜的租金也不見得會有相對的成本效益;另外還需要特別謹慎的一點,即是將攤位租給自己的人是否有權利租出,是故較建議若要承租傳統市場,還是接洽當地市場管理委員會比較穩當也較安全。

公司？行號？
一次搞清楚

▶▶如果要創立事業體開始營業，那麼就要考慮是以商號還是以公司的型態來設立經營，其中的差別並非單純的以營業額大小來做考量。很多人以為營業初期量體較小，設立方式也沒那麼複雜，隨時若經營不善就退出市場結束營業，殊不知商號許多相關費用無法扣抵，且營業收入所得皆納入經營個人所得稅來認列，因此同樣的營業收入，商號將比公司在無形之中承擔較多的營運成本。

且商號是屬於個人，所以當不幸有債務發生，負責人就必須完全負擔賠償責任；反觀公司和負責人是分開不同的個體，所以當公司有所虧損，負責人及股東僅就自己所投資的資金作為賠償即可。應依照自己的狀況來做設立的判斷。

POINT 1
商號與有限（股）公司的差別為何？

相信有許多人當了老闆都還不是很了解公司及商號的真正分別，其實說要當老闆很

簡單，只要你擁有自己的貨源、銷售通路、客群等基本要素
就可以建立自己的通路；然而，若要將自己的店舖、品牌作
公司化長久經營，就有必要進行商號或公司的登記以保障事
業體未來的發展性與自身權益。以下筆者歸類整理了三種經
營登記的型態差異提供讀者、買家們作參考。

商號與有限(股)公司比較表

	商號:商號(行號)為自然人(等同個人的人格權)	
債務問題	法律上如遇債務,不管金額多高,自然人需負無限清償責任。	
登記規定及審查範圍	商號需商業登記證及營業登記項目,屬地各縣市區域政府管轄,商號登記可以查詢各縣市地區政府商業局。	
資本額	商號部份資本額不限。	
資金(本)及存款	新台幣25萬元以下較不用資本證明,新台幣約25~50萬需要實際存款證明,但不需要會計師簽證。	
股東	自行獨資或是2人含以上合夥,需注意合夥人要負連帶責任。	
年齡	滿20歲。	
股份變換更改	沒有強制規定。	
同意策略相關文件	相關同意契約書。	
企業策略同意方式	皆全數同意方能執行實施。	
相關責任	欠繳稅款經催收不到,強制執行達台幣200萬(含以上)則會被管制出境。	
文件登記	營利事業登記證項目。 貿易登記證及相關品營業品項特許證等。 各地方政府商業局辦理	
個人綜合所得稅	行號為個人所得稅。	
銷售營運稅率計算	營業稅率約5%。	
企業所得稅	不用申報及繳納。	
企業若有尚未分配之年度盈餘	需要全數分配。	

資料來源及資訊:以相關法令辦法及承辦部門公告及變更辦法為主(請以最新年度及現行相關法令公告為基

有限（股）有限公司：公司為法人

公司為法人，不過公司負責人為自然人，彼此關係是切割的，如遇債務問題，公司資本額即代表公司的最高償還能力，如債務無法清償責任與公司負責人較為無關。

公司需商業登記證及營業登記項目。

法人屬於經濟部，經濟部可以查到法人所有相關資料，如查無資料即為商號，與公司來往時需留心法人在經濟部登記狀態。

有限（股）公司資本額不限。

有限（股）公司需存款證明及會計師簽證。

有限公司1人含以上。

股份有限公司需2人含以上自然人，或至少1人以上法人皆可申請。

負責人成年，法定年齡為20歲，其餘可未成年。

有限（股）公司無強制規定。

有限：股東同意書

股份有限：需負責人同意及2位（含）以上股東，並含有公司監察人之同意書。

有限（股）公司股東同意。

營利事業登記證項目。

貿易登記證及相關營業品項特許證。

經濟部執照：僅有限及股份公司需要登記。

有限（股）公司：公司年度盈餘若分配後即產生為個人所得稅率。

有限（股）公司：約17%。

有限（股）公司：約10%。

築夢資金在哪裡？誰能大方借你錢？

▶▶當一開始有創立事業的念頭，就會出現一個相當現實的問題，就是相關費用資金準備好了嗎？若不夠、不足該怎麼辦才好？這是一個痛苦的問題，因為只要開口跟家族親人借錢，感覺上面子會掛不太住，跟朋友借他們會怎麼想，萬一朋友委婉拒絕，那以後見面心中會不會有一塊搬不開的石頭卡在心裡，以下整理了幾種貸款方式，可以避免上述的困擾，也可享有政府鼓勵創業的美意。善加利用政府部門的創業貸款政策，則會享有相較一般民間銀行低的利息，降低營運時的還款壓力與成本。

POINT 1
個人與企業貸款

在貸款的分類上，常見分成個人貸款與企業貸款。

•個人貸款

可區分為「個人信用貸款」、「二胎信貸」、「一胎信貸」，每種貸款可接受的貸款額度、限度、利率皆不同，以下提供整理比較作為參考。

個人貸款整理表（請以最新年度及現行相關法令公告為基準）

	個人信用（無擔保品）	二胎信貸（房子）	一胎信貸（房子）
條件與額度上限	個人過去與銀行往來信用良好，每次約可貸到台幣30~100萬不等。	拿自己或家人的房子作為質押擔保。	
利率與還款期限	年利率約7~13%左右，可與銀行洽談延展1~2年還款寬限期。	可選擇分為3、5、7年償還款項，年利率約4.5~5.5%。	年利率約2.5%。
其他細項	個人信用（聯徵）會因為信用卡遲繳、循環利率啟動（代表個人每次消費無完整全額清償能力）而影響銀行借貸的意願，若還是借貸給自己則利息會較不理想。 若真的有上述情事發生，個人就需謹慎理財。使用信用卡約3年內保持紀錄良好，信用紀錄即會重新歸零計算。（很多事業負責人為怕信用紀錄不好，都改採現金買賣交易，這樣一來反而會讓銀行產生質疑，也無從估算自己的消費力）。 即使跟不同銀行借款，能借到的總額是不會變的。計算基準約為平均薪資X22倍＝能借款總額（若已經有其他之款項借貸，銀行放款金額則從總額扣除）。	二胎信貸借款人與房子所有權人不一定為同一人（例如：兒子拿父母親的房子貸款質押）。	二胎信貸如將房產所有權人轉登記為借貸人，即可轉成一胎信貸，不過需注意如房貸尚未繳清，還款人也會變成借貸人。

•企業貸款

　　需以公司名義進行貸款。其企業資本額一般不限金額，不過找銀行借款時需有一定資本額，約台幣50~100萬（為保障債權人），此種情況下可區分為「債權人為被欠款者」及「債務人為欠款者」兩種身分。

　　基本上銀行借款金額約為企業資本額的60~80%，其中企業的內帳（損益表）與外帳（401報表、營利事業所得稅、紀錄營業稅之繳納額度）亦為銀行借款時審查重點。（請以最新年度及現行相關法令公告為基準）

POINT2
政府資金來源及內容

　　資金來源除了向銀行等金融機構借貸外，還有向政府尋求援助這個管道，在此管道下有兩種常見途徑，其一為「青年創業及啟動金貸款」，以及「微型創業鳳凰貸款」等兩種作法。以下將就此兩種途徑作條件、額度等分析，希望大家都可以找到最適合自己的辦法。

	青年創業及啟動金貸款	微型創業鳳凰貸款
貸款承辦單位	經濟部中小企業處 由公民營金融機構辦理核貸事宜	勞動部
個人申貸狀況及辦法	約20~45歲之國民 3年內受過至少20小時創業課程，或取得2學分證明者	約20~65歲女性 約45~65歲男性 3年內受過約至少20小時（含以上）創業課程並經創業諮詢輔導
企業狀況及條件	原始設立登記或立案未超過5年	事業成立登記後2年內 員工未滿5人（不含負責人）（注意工讀生亦可能會被列入人數計算）
貸款額度及辦法	準備金及開辦費用最高約新台幣200萬，可分批動用； 週轉性支出最高約為新台幣300萬元，若經中小企業創新育成中心輔導培育之企業最高約台幣400萬，得分次申請及分批動用。 資本性支出單位最高約為新台幣1200萬，得分次申請及分批動用。	每人最高約為新台幣100萬，一般實際約可貸到金額約為新台幣60~80萬
可申請對象	企業負責人或出資人應占該事業體實收資本額百分之20以上（股東）	企業負責人
資金用途	準備金及開辦費、資本性支出、週轉金等（使用空間較大）	資本性支出、週轉金等（使用空間較大）
還款年限及時效	信用貸款約6年（已含寬限1年），擔保還款約15年（已含寬限3年）	信用貸款期限約7年
還款年利率	依中華郵政2年定期儲金機動利率加百分之零點575，機動計息	依中華郵政2年定期儲金機動利率加百分之零點575，機動計息（注意前兩年免利息）
貸款信用狀況保證	約8成至9成	約9成至9成5
承辦貸款相關手續費用	約 0.5%	約0.5%
是否需要保證人	以個人名義申貸金額新台幣50萬以下者，不得徵提保證人，超過新台幣50萬，如需保證人大多只有約1人為限。	不需保證人

資料來源及資訊：以相關法令辦法及承辦部門公告及變更辦法為主（以最新年度及現行相關法令公告為基準）

POINT3
創業企劃書需盡量詳實

　　想要獲得政府獎勵性的創業貸款，除了上相關營運課程外，就必須好好撰寫創業營運企畫書。很多人一開始撰寫時，喜歡強調品牌視覺形象、行銷方案及未來美麗的藍圖，卻看不到循序漸進的營運資金運作，即做了以後可以帶來多少獲利，我想這一點是不可忽視的部份；因為沒有人（含政府及銀行）願意把錢借給不知會不會賺錢的企業，不要說賺錢，有可能血本無歸都說不定。

　　請各位針對以下企劃書重點，仔細思考事業體走向，將數據化為真實可行。有部分創業者只借貸約台幣50萬，卻說要開5家店，並於一年內走向國際知名品牌，此種企劃書就像是學校作業報告，對於創業市場的運作是沒有任何助益的。

一份較容易受到評審青睞的企劃書須包含：

- 年度營業額預估
- 直接成本（直接發生在商品本身）計算
- 相關費用支出預算：道具、辦公室或店面租金、人員薪資
- 行銷計畫及廣告預算
- 銷售通路規劃：特別注意要有商業登記就可以申請，並非一定要實體店面，因此網路商城亦可以算是通路用來申請。
- 實際利潤預估：首年約賺0%或3%或5%，作規劃時須謹慎，若太不切實際會被退件。
- 貸款的還款計畫
- 3至5年事業體或品牌展望藍圖等

　　還有一點是絕對要提醒各位的：特定用途的貸款若用於不同用途上，被發現後，會全數退回給申資銀行，請務必不要這樣操作，請注意必須符合每筆貸款的申貸用途。除此之外，貸款申請成功後約3~6個月內會有專人顧問輔導查核。

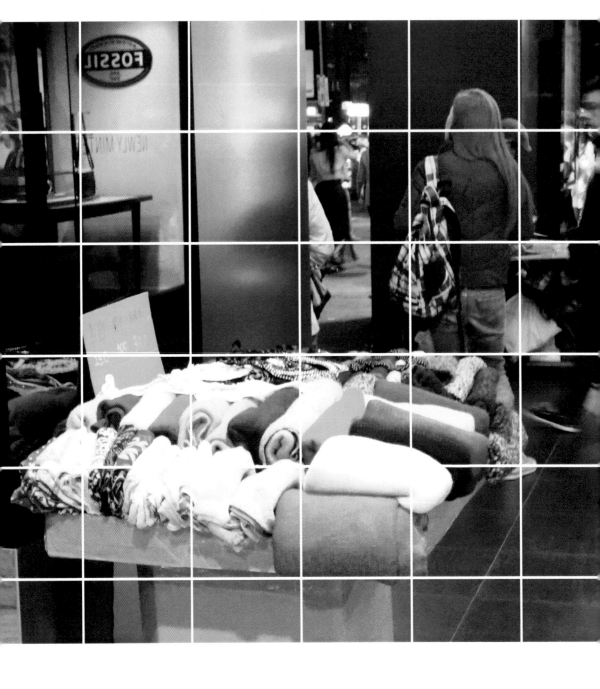

5

商店及網路
一起賺飽飽

通路除了是與客人面對面的重要管道，亦是了解客戶需求及喜好的重要來源，針對自身的品牌及商品，一定要找到適合的通路來接觸到對的消費者，才能達到彼此了解及溝通的目的，不然會產生無法有效連結的窘境，

準確的通路是業者必須深入研究的課題。

實體通路有哪些？商店是怎麼一回事？

>> 實體通路是在找尋客群、接觸消費者之際不可或缺的重要管道，一般聽到實體通路一詞大多只會聯想到店面；然而，在實際運作的市場上，所謂實體通路有許多的分類，從進入門檻的大小，可依序分為「免費流動攤商、承租攤商、店面道具分租、店面分租、店面自行承租」等。

相信各位已經發現，筆者一直將自己開店放在最後一個順位，其原因為資金來源大不易，顧客累積又需多年經營，所以除非有多金的父母，不然若只靠自己，請大家珍惜手中金援子彈，因為每做一步一動，都是真金白銀的損耗，試問自己究竟有多少心力及物力可以長期損耗？所以在此建議買家們須將自己的每一步，皆思考為進可攻退可守的保守安穩策略，就算有所損失也是相較付得起的風險費用。

a.攤販

　　攤販為實體通路最務實平民的經濟現象。然而許多人聽到「攤販」一詞，第一時間會想到負面評價：「天呀！我不要！好像很不務正業！好像很失志！萬一被過去的同事或親友師長們看到怎麼辦？」在此建議大家務必調整一下心態；所謂的擺攤是我們為了自己品牌的長遠理想規劃而努力，許多攤販老闆為了養育兒女，所付出的心力，絕不比那些「白領」高階主管們差，再說，為何類似的文創市集，一樣是攤商形式，大家的觀感卻有所不同。

　　上述心態筆者過去全都經歷過，在沒有經濟壓力時，面子往往大於裡子，直到求學期間父親身體出了狀況，每天需付出龐大醫藥及看護時，絕非一般「白領」上班族微薄薪資可以承擔得起，當時我還是個研究生，只能半工半讀，弟妹也才剛念大學，除了要支付自己的學費外及協助母親給弟妹生活費用，最大的開支就是每天約台幣5000元至7000元的醫療費用，每月平均光此項支出就得花費台幣15萬至21萬不等。那時候靠著白天在補習班教書，晚上及周末時段向資深攤友請益如何擺攤，半夜也想應徵貨車司機等工作，以各種方式盡量賺錢增加收入，就這樣撐了過來，直到經濟好轉。這段經歷雖然辛苦，卻對自己的觀念及收入幫助不少。

基本上，我將攤販分為「不需付費」及「需付費」兩種，但請注意就算是付費，有時仍不代表不需再躲警察，仍有可能觸犯道路侵占等條例，執法機關依然有權進行裁罰。許多店家大樓用清潔費等名目避開承租契約的效力，遊走於灰色地帶，身處真實市場的買家們不可不慎，所以若有承租最好以承租契約來簽定較具保障效力。

● 擺攤地點建議（以臺北東區為例）

在選定商圈後，記得先觀察商圈客層的出沒時段及地段位置，再去思考用什麼攤商型態、用哪種擺放方式較具意義及效果，通常擺攤以人潮逛街走向（俗稱「陽面」）為主，而且必須介於消費者看得到但又不能太明顯的位置，如此實有難處，所以仔細觀察大多的攤商皆設置在騎樓外側兩旁，或是捷運站出口旁，及大馬路交接口公車轉運站等地。

以下我們就以台北東區為例，將攤商擺放地區分為下列幾區：

忠孝東路— ZARA區域前排	店家騎樓一般為較資深職業攤友，所以剛開始進入門檻較高，有部分攤家為後段店家為了增加營業量體分擔租金，將特價及C級商品拿出來擺放出清，通常以可推動式HG道具陳列。 大家可仔細看一下道具是否都一樣，其中有微妙的潛規則，此區人潮眾多亦為警察巡邏重點區，但也有許多人在外圍幫忙盯哨，被開單機會較少。
忠孝東路— 頂好名店城	正面騎樓多為服飾店家的攤位，成員組成結構與ZARA區域前排雷同，開始進入門檻也相對較高，攤商使用道具也大多相同，亦為職業型攤商。 若真的不想浪費時間尋尋覓覓，且對於自己開店的理想夠有衝勁，建議初學者先從旁邊小巷擺起，先去認識附近的店家，了解誰是中盤，該找誰租借道具，了解後隨著營業量體的增加，採購批量也多了，再慢慢隨著資歷將自己的攤位一步一步往大馬路推過去。
敦南誠品區	初學者及大學生多在此擺攤，此地由於執法機關經常來取締巡邏，並非長期經營的理想地點，但若是要練習擺攤的勇氣及眼力是不錯的選擇，攤友們都相當和善，很像在文創市集的氛圍。
敦化南路與忠孝 東路馬路交叉口	這裡雖可以擺攤，不過為商圈的陰面，生意會相較差了一些。
捷運忠孝敦化站 （明曜百貨）出口	此區大多為中高齡職業攤友，以小飾品配件袋包等商品較多，攤友們都是為了家庭，所以欲在此地擺攤需有先來後到之禮節，多多體恤長輩先進們。

除了流動的攤販選擇外，讀者亦可分析商圈中知名品牌連鎖店系列是屬於直營店還是加盟店，因為這些知名連鎖品牌的店家位置，絕對都是經過精挑細選的成果，若能在店櫥窗前或兩旁設攤，效果一定相當不錯。

b.連鎖店

基本上連鎖店是一種籠統的說法，品牌連鎖店可分為直營店與加盟店兩種。

「直營店」的經營管理直接由總公司負責，所以銷售人員、店長等皆為總公司自行聘雇，對於品牌形象的把關及維持較為謹慎嚴格。相較而言，加盟店的服務及商品品質、人員素質等，有時會與直營店有些許落差。

而「加盟店」為一種依品牌授權特許契約作為企業連結，總公司提供LOGO、商品、原料等給予加盟業者，總公司不直接介入店面的經營與管理，總公司與加盟店兩者為不同的事業經營體，是一種上下游的夥伴關係。對於部分有不同考量的加盟主而言，

品牌不是自己的，且投資金額高，因此在想法上會與直營店對於品牌的形象管理有不同的做法。（在一般部份服飾產業加盟主，平均月薪約台幣9萬，但除24小時待命外，需要投資約台幣300萬的資金成本，若有虧損也需自行承擔後果。）

直營店通常較顧及品牌形象，且店員店長沒有任何簽訂租約的相關權力，較不會將騎樓、牆面、柱面出租，所以並不建議讀者們去找直營店談租約，如此會製造許多無形的困擾。也許大家又有疑問：那找總公司談租約呢？總公司方面通常會因為形象問題，大多是拒絕的，但依筆者過去觀察的經驗，有個狀況可以思考一下：由於督導大人們通常管轄店家至少約10家含以上，平常又需開會做簡報，真正能到店內的時間一週其實並不多，所算來了除非有重大事故，頂多待約1~2小時就會離開，所以跟直營店店長及其他店員是否要經營友好關係，答案已呼之欲出，直營店很有可能成為免付費又可隨意選位置的好地方。

若遇到堅持品牌形象及忠心護主的好店長及店員，讀者千萬不要放棄，通常左半邊店門口前較不需承租，可試著直接擺攤，剛開始店家會常請執法單位來取締，不過只要有耐心，最後店家大多會放棄驅趕，若在左櫥窗前真的沒辦法，可退而求其次，至左櫥窗邊緣線這個位置，因為一般有陳列物遮蔽，所以除非店家人員特別出來看，否則不易被發現。

相較之下，加盟店較會願意出租騎樓、牆面、柱面等空間；其最實際的考量為成本的現實壓力，再加上品牌不是自己心血的結晶，所以部分加盟主會將店面前端的騎樓區域出租給攤家，作為分攤成本的一種方式，是故讀者若找到知名品牌的加盟店，就有相當大機會可承租店面騎樓做為開創事業的所在地。

騎樓位置的選擇亦有學問值得探討。主櫥窗位置通常會依據消費者所經方向為判斷準則，並非右櫥窗即為主核心櫥窗，若大家真的判斷不出來，另一個方式可思考櫥窗是放置當季還是過季、所放置的款式單價高不

高，當季服飾A級商品的展示位置，理論上不外乎是店家核心櫥窗。店家的核心櫥窗（通常在右側）一般不會出租，以此推論，左半邊櫥窗大多為次陳列重點，自店延展約1/3騎樓通常店家會當做承租區域，租金行情約台幣1~2萬／月，如有執法機關來尋訪，大多會認為攤位屬於該店家所有，因此部份較先不會有開單動作，會較以勸導改善為優先方式。

店家左半邊店門口前（外靠大馬路）超過騎樓區域，此地域所有權應屬於大眾、較不屬於店家所有，不過仍有店家出租此區域，若萬一承租此處，每次繳租時請店家簽收領據，如日後有所糾紛爭議，即可憑收據尋求法律途徑，屆時應可拿回部分租金。通常在店門口擺攤的效益大於流動攤販，因為有固定攤位位置，主顧客才會清楚知道到哪找自己及哪個時段營業。

除店家櫥窗兩側外，另一項承租選擇就是柱面攤位。一般建築物騎樓柱面分為內及外兩柱，通常靠近店家內柱效果較好，柱面一般租L型，承租柱面方向則需看客人人潮路段方向為陰面、陽面而定。台北東／西區商圈行情一般約台幣3~4萬／月、普通商圈行情一般約台幣1~2萬／月。

一般來說柱面所有權屬於建築物住戶共有或管委會受委託管理，店家租出為二房東時，則需大樓住戶的共管契約，

繳租時務必請店家簽回領據，如發現柱子實
際屬於管委會或共有住戶所有，並未授權給
店家出租而產生了不必要的紛爭，此時買家
們亦可以採取訴求法律途徑，拿回部分已繳
納的租金。

c.早、中、晚傳統市場及夜市市場

　　若買家是以大陸工廠大量部份秤重C級商品，或是B級商品作為商品進貨的來源，則建議可選擇一般傳統市場等，以價格為優先考量的通路入手。C級商品成本一般約台幣10~50元，適合販售地點為此類較傳統的通路市場。建議各位老闆可以在Facebook（臉書）上搜尋攤商承租的交流網社團，找到長期經營攤販休息的空檔時間向其承租；例如找到承租30天但只擺20天的攤商，向他租他不做生意的10天空檔，一般租金約台幣600~800元／天。

　　擺放時段基本上可分成以下三個時段：第一階段約為07:00~10:00，此時段為早市市場，建議若要在此階段營業，最晚06:30要去擺設；第二階段約為17:00~20:00，此時段為黃昏市場；第三階段約為17:00~22:00，此時段為夜市。若要在此類型市場長期承租，當職業來運行，則可找當地市場的管委會，請他們幫自己留意有無空缺，一有空出則繳納租金及管理費，入駐進場，若是以B、C級商品為主要客群的商家，傳統市場則是一個相對明確的選擇。

d.道具租借（在別人店裡租借部分道具）

道具租借的操作方式，可稱之為一種借屍還魂的方式，可藉由別人跟自己品牌理念相似的店面裝潢風格，及陳列裝潢等細節，使自己的品牌形象及商品一下子讓消費者感受到，想要作為一個品牌經營，就是挑選適合的風格店面跟店主租借道具擺放。

很多初入市場的服飾業者，一開始就想創立自我品牌實現夢想，所以將重心放在整體視覺系統、店面裝潢及陳列等硬體部分，一下子就到達別人一般需花5~10年期間才能完成的階段，但這一切除了少數幸運兒眼光獨到、幸運經營外，幾乎大多是虛有其表，尤其是眼見資金不斷的在燒，內心其實相當慌張。所以我們要靠著店家們的內心掙扎及現實的壓力，來跟店家租借道具，且要選擇最好的空間位置；一般店家礙於成本支出的壓力，會答應出借，如此一來不就馬上提升自己的品牌及商品定位及形象，重點是卻只花到相較上少數的費用，就達到此種品牌效果。

此方法上的選位相當重要，基本上店家的前半區效益較大，其中又以前右最為重要，後半區域租了效益不大；無論租在哪個區域，租了以後要自己請人來賣才有用，因為店家一定先推自己的商品，不會盡力幫你賣。

　　常見的租法分為兩種：

1.以坪數或所佔坪數比例為店家的多少來算租金百分比

需特別注意是要用樓板面積，並非道具面積計算，道具面積計算方法相對上較不划算。

2.用陳列量計算

此方法亦稱為業績法。若採用業績法，店家一般會算出月目標，以該月目標為抽成基準（不管是否未賣出有庫存都照樣抽成），一般為變動費用成本。是故建議以算坪數的方法較為理想，因為這是固定租金費用。

業績算法範例

> 舉例：
> 單價台幣2000元的外套約放10件=台幣20000元
> 台幣20000元×0.27（抽27%，同百貨業）=台幣5400元。

• •

e.店家分租（一般不建議此做法）

　　商圈中常見用整家店以OUTLET做短期的方式（租金一天約台幣10000元），通常租約以2至3週為一檔期。店面空間以縱向或橫向平均切割方式租出。分租最好選擇左右對半（前後較差），前方做形象櫥窗。租左邊或右邊要看是為該商圈路段的陰面還是陽面，此做法效益只比開店好一點（因成本較高），除非有很想進去的商圈但實在等無空位，才會採用這種方式入場卡位。

f.店家寄賣（複合式店面）

　　許多初創立服飾事業的業者，最喜歡用店家寄賣的方式，認為只要賣出才需付出

費用，若沒賣出就不需付給店家費用。但筆者較不建議此做法，請各位仔細思考一下，自己一定希望商品賣得很好，也很希望店家多多放自己的商品，所以先前買了許多商品至店家擺放，但店家可能同時有許多類似品牌在銷售，為何一定要賣自己擺放的商品，更何況，無論擺放的位置及道具，甚至銷售人員的訓練及管控，無一是自己可以控制及掌握的因素，所以到了季末尾聲，大多會有大量的退貨，先前興高采烈採購的商品又回到自己身上，變成龐大的庫存壓力。

g.文創市集

此管道為文創品牌較常用的方式，通常舉辦時間較不一定，收入、客源亦較不穩定，其客層大多為對於手作及文創

有興趣的消費者。一般零售及批貨服飾品牌較不會利用此管道,作為接觸消費者的通路,除非將既有現採買的商品進行改造加上自己的創意,才較易在此類型通路生存。

h.百貨臨時櫃（特拍／月／季節）

百貨臨時及季節櫃也是一種選擇，通常百貨通路業者會在業績稍微清淡的月份，如：春夏6至7月份及秋冬9至10月初或週年慶結束後，舉辦一些指定型態（如：少淑女裝及鞋類出清）的特拍會。除此之外，百貨公司亦會將樓面一些畸零地充分運作，邀約一些剛開始進入市場的業者來擺放臨時櫃位，百貨業者會首先選擇有公司設立的廠商，大多商號形態的事業體為輔。所謂的臨時櫃通常坪數不足一坪，位在畸零地上（例如：手扶梯旁），舉辦時間約2週至1個月，百貨約抽成21~23%。

i.店面自營

設立店面的前提，是業者確認已累積足夠的消費者及業績量，且品牌稍具備市場同業間的知名度，另外整體視覺陳列及形象，甚至銷售人員及後勤（訂貨、調貨、退貨等）、軟體資訊等，皆已到達品牌營運的初步定位；筆者認為要到達此階段，至少需要5年的光景，否則大多為曇花一現，品牌的理想將如空中築樓般的輕率。

商店該怎麼經營？

▶▶在規劃採買自己的商品前,就要想到如何賣出?在哪裡賣?首要需考慮自己的手頭資金有多少,能做多少事?另外就通路而言,分為實體及虛擬,基本上從兩者中擇一或兩者並行,都是讀者買家皆需考慮的要素之一,尤其很多初入業者還在摸索,卻非常富有冒險精神,大膽投入花錢,在經營過程中就會發現買的商品跟自己的通路無法結合,導致最後很快的以失敗收場。

一般而言,大多初入市場經營較順利的業者,都是對錢非常敏感的人,何時該花?花多少?能帶來多少績效回饋,都清楚計算在心中,所以首要還是看自己的財務狀況,再來決定通路的運作型態及方式。

POINT 1
實體通路程序規劃及配置要素

關於通路的規劃及配置，有六個要素需謹慎考量。

1.資金

首先思考資金來源：自有資金、親友籌借資金、政府相關款項補助。在確定有資金之後則需要評估資金何時到位、何時償還、利息多少、可以運轉多久等問題。

2.商品成本

此階段須考量的面向有：自己的商品來源相較同業便宜嗎？商品採買後須馬上付現或票期有多長，需一次付清嗎？而自己的購買成本需佔營業額多少比例？等等問題。

3.客源累積

包含：如何收集累積相關客層？在收集到這些客層後，又要怎麼讓這些客層變成主顧客？在有主顧客之後，他們的喜好風格為何？要如何累積主顧客的新鮮感及對品牌本身的興趣？而自身品牌又要如何再強化主顧客服務等。

4.迴轉（回客率）

所謂的迴轉率也就是採買次數與採買頻率。一般來說，一個客人一個月至少回流3次（含以上）才較為理想，並以實際有成交次數計算。

5.採購平均單價

所謂的平均單價則為所有商品價格加總後，再除以採購的總商品量。以下整理了商品佔比及平均單價的計算方法，希望能替買家們爭取到較理想的操作空間。同時也提供了一般批貨業者平均銷售價格的落點位置。

商品等級	所佔比例	每等級平均牌價	批貨業者平均銷售價格
A級品	20~30%	約大於台幣2000元	訂價70%
B級品	60%	約台幣800~1200元	訂價60%
C級品	10%	約小於台幣500元	訂價30%
採購平均單價＝總售價除以（總進貨件數）			就以上A、B、C級商品比例配置而言，經過平均折數計算約落點為50%。商品總銷售實際價格加總後，再除以銷售總件數，為平均商品銷售價格。

6.工廠或自創佔比（ODM）

一般經營實體通路或店面之業者，期初在批貨比例上仍會維持至少70~80%，若已累積部分主顧客，且不希望買到跟大眾市場太雷同的商品，需要較為清楚的品牌識別度及設計，這

時可採取ODM比例20~30%,充分利用寫字樓的整合設計及製造能力,開發生產A級品,以滿足較高端顧客的需求。

　　總而言之,在買貨前就必須清楚知道自己所設定的消費客群在哪種類型的實體通路購物?並且去深入了解該通路可接受的交易型態及價格帶,進而確認自己該買什麼類型商品,而所買的各級商品又該以何種比例配置,及平均折數的計算,還有商品來源的比例及成本的多寡分配;以上都是買家們必須事先就做好的功課。

　　有些業者為考慮要素規劃後,再去籌組需要的資金,另外也有採取依現有資金額度去做分配,無論採取哪一種規劃方式都是可行的,最害怕的是事先完全沒想過,想到那做到那。因為服裝產業前、中、後段的產業鏈完全屬於一個個獨立的階段操作,如此莽撞行事,有可能會付出相當大筆的學費才能學會事前規劃這件事。

一般人不知道的
網路秘技

▶▶許多業者在剛創業或尚未設立事業體前，都認為沒有辦法開店或是不敢拋頭露面擺攤叫賣，通常這個時候就會想到「網路」。網路經營是否如外界所說，消費者是無遠弗屆的？就筆者來看，無遠弗屆相當有討論的空間。網路即便讓每個消費者都可能接觸到自己的產品，但消費者真的會向自己購買嗎？

很多人會說那是美編技巧的問題，當然這是商場必備的競爭元素之一，因為消費者都已經摸不到了，若商品的照片或網路平台的版面編排還比同業差，想也知道不可能會銷售順利。另外買家們知道網路購物有幾種形式？加入的規定與資格為何？是否一定要花錢放在大型平台介面網站，才能接觸到消費者？有無其他虛擬通路可以免費善加利用，使用的方式為何？

以臉書為例，目前臉書平台的消費核心主力介於25-35歲，因此，若自身品牌或產品的主力客群契合年齡範圍，則相對較適合用此工具吸引客戶。

臉書的平台介面除了粉絲專頁還有社團、個人頁，但為何市面上的學習課程都以粉絲專頁為主呢？因為這樣的課程多數是由行銷廣告公司開設，以傳授粉絲專頁建構及買廣告為主要核心，最終目的是希望業者委託教學單位代為操作購買廣告；因為行銷公司若想成為臉書的授權代理商必須每月支出高達台幣超過100萬的廣告購買金額，所以教學方面以粉絲專頁經營及廣告購買為主。但真實的狀況是，個人頁、社團、粉絲專頁都必須相互發揮功能交錯運作，才能達到最大的引客效果。通常業者還會一併善用Line、WeChat等即時通訊系統掌握客戶，藉此分類出「A.主顧客」、「B.中堅客」、「C.游離客」三大類別，依特性以漏斗式行銷法則分門別類收納。

　　所謂的「漏斗式行銷」，是以臉書先分別關注A、B、C、D（競爭者）等完全不同消費屬性的客層，以形象曝光建立為主要的工作核心，有了第一次交易或實體接觸後，就能區分出A、B、C等客層，並以即時通訊系統Line及WeChat等將客戶以群組收納住，以利及時告知商品或品牌活動訊息。同一時間也慢慢建立信任關係，透過舉行實體讀書會或商品研討會等，讓客戶產生的忠誠度，甚至變成主顧客及朋友，在銷售商品時將最好、最新的品項以反漏斗的方式推廣回去，所以好的成長期高利潤商品，都是在主顧客面交易，

回推到臉書時，往往就是成熟期低利潤產品，所以必須善用漏斗式行銷建立形象並以反漏斗式銷售，才能達到最大的推廣及業績利潤空間。

　　近期，多元平台搜尋系統、SEO關鍵字優化又重新被議論起來，為何大家開始重視SEO其核心價值及功效，可以從幾個面向來看——消費受眾的消費歷程是複雜、多管道的，不斷藉由搜尋不同的相關名詞介面找尋，所以需要不同管道曝光企業理念及產品勞務，此時，Google搜尋引擎扮演重要的關鍵角色，許多消費者習慣從Google查詢相關連結資訊，長期經營SEO能改變網站的體質及優化，因為Google的工程演算是希望網站有固定的網址，另外所架設被瀏覽網站的伺服器頻寬大、網速快，並且企業主、小編們的發文內容必須深埋關鍵字且少用非關鍵字，雖然SEO需要許多時間及人力投入經營，但屬於長期的效果，比一般不同電商平台的ROI廣告轉換率來的有效，PPC每次點擊付費的模式，相較於SEO雖然廣告效果立即出現，但只要廣告預算用完就會立刻停止宣

傳及觸及，且購買廣告期間企業主及小編必須時時依流量觸及率修正受眾設定、重改文案內容，用時間序列來比較，PPC是短暫的、SEO是長期的，也因為如此，只要有相關需求的消費者TA可以不間斷搜尋到自身品牌或企業，不斷加深、熟悉的狀態下，無形中也創立了品牌專家的權威地位。

種種疑問，就讓本段落來揭開網路虛擬操作的神秘面紗。

POINT 1
虛擬通路

虛擬通路顧名思義為一種非實體性的通路，優勢是相較於實體通路的建置成本較低，另外所接觸到的客群不會因為距離而產生疏離，較能即時性的將商品曝光給消費者知道；但缺點就是無法實際跟消費者面對面接觸，也無法實際感受到消費者的喜惡，畢竟服飾產業是一種人與人相互互動的服務業，誰給予超額的服務誰就能得到消費者的青睞。

● 常見類型

坊間有幾個知名網路平台皆有拍賣的功能，讓賣家可以將商品賣給消費費者，再依商品的不同抽取不同的手續費及上架費用，另外許多原為科技軟體設計公司也紛紛下來搶攻網拍市場、設立拍賣平台，針對不同的客層或商品做招商，

例如設定為文創品牌或手作商品等限制，收費方式也大多採取賣出抽成的概念。

網拍、文創網站一般有以下幾種經營操作之模式：

1.自行架設網路—中盤、代購

一般會採用此種經營模式的情況，為自己已經營一段時期後，有相當多的客群累積。此部分的客群除了一般消費者外，也有許多初入市場的買家，這時就可考慮自行建構及設計一個品牌官方網站出來，因為在平台整體設計及版面的調整，較能依自己的風格方式來操作。

2.自行架設網站

此類型網站會因為流量限制，不同設計架設費用約台幣10~30萬不等，且通常為年營業額台幣500萬含以上品牌做形象使用。伺服器如用租的話，有任何更改都要經過租出的公司代為授權及操作，租金約台幣3000元／月，系統約台幣5000元／月。另外自行架設網站應需請專人負責更換網站資訊，外包費用相當昂貴不划算，因為每更換一張圖就需

收約台幣200~300元不等的處理費用。

3.BBS論壇―PTT（批踢踢實業坊）：一般代購業者的最愛模式

PTT―有版主的大專院校組合而成的討論平台（會員俗稱鄉民），會員人數最少約有30萬人，年齡層以18~30歲較多，可將代購貨商品拍賣的訊息放置在適合的論壇上，可惜的是商品圖檔較無法放置，是一個以文字及網址相互連結的平台，所以買家們可以從裡面尋找會員，會使用此平台的業者通常擁有Facebook（臉書）社團或粉絲團，來連結補強圖片及視覺的功能，所以在此平台上所欲銷售之商品大多為知名精品代購，不然就是特別的便宜。

4.Facebook（臉書）／Twitter（推特）／Blog（部落格）：近幾年竄起的類型

這類型的網站原屬於交友及資訊推廣型的社群平台，主要功能在於能與朋友會員們互動及交流訊息，分享生活及流行的相關資訊，使彼此的連結相較於一般的網路廣告單向訊息傳達來的較有感情；平台介面雖然如此，仍會看到許多業者只是一味的將銷售訊息上傳，絲毫沒有任何生活上及其他資訊或情感面的交流，這樣的方式經營因為資訊的麻痺，很快的會被消費者歸類為垃圾社團，而紛紛想要退出或封鎖，記住就算主要目的是銷售，仍必須包裝成銷售只是一種推薦、一種分享，絕非主要目的，因為消費者是帶著想互動及交流的

心境加入該類似平台及社團的。

此類型平台當初設定上就並非為銷售交易工具，所以讀者買家最好不要將可交易及得標價格赤裸裸標示在平台上，而是以一種參考牌價來說明及推薦，需再進一步作連結至網拍介面，或是用推薦好站的方式及私訊來進行，否則易被軟體介面後台管理員們停權，這樣一來長久經營的會員就會消失殆盡，為了分散風險，最好一個品牌業者擁有2~3個帳號來經營操作，較穩當安全。

● 平台介面的內容設定

常採用「推薦好物」的方法，一般會在PO文中提及下列訊息：商品（品牌介紹／內容功能敘述）、貨號、尺寸、價格（參考牌價，非得標及實售價格）、電子信箱、交易平台連結、有興趣者請私訊等訊息，如此只能解讀為張貼商品推薦訊息文，但並無交易販售的事實。

運用推薦好物這個作法若要讓更多人看見，最簡單的做法就是：增加自己Facebook（臉書）社團、粉絲頁的累積會員數。一般常見的作法如下：首先開立社團將其設定為（可以主動加人）及公開，使得一般非社員亦可看到內容，並讓人申請加入。一般社團人數上限約為5萬人，人數超過時需移轉至粉絲團，可在社團內貼公告移轉。

　　預計成立社團之前，一開始盡量以個人身分加入同類型及產業上下游相關社／粉絲團，並觀察將其會員試著加為朋友，等到個人朋友數量夠多後，再成立社團，將朋友加入，並力邀社友推薦其Facebook（臉書）好友加入至自己社團。一般社團不會設貼圖內文管制，但自己經營時，他人或社員貼圖及內文資訊需設定為管理員審核，如此才能管控社團品質。

　　除了社團的操作外，常見模式還有「粉絲團」。粉絲團為一種只能傳送邀請，要民眾按讚才可以加入的模式，平均一年約可做到30萬人次。以上兩者的差異在於：社團偏廣告資訊告知，粉絲團因為圖文較社團更為豐富，是故較偏向銷售並以B、C級商品居多，另外前面所介紹的論壇及粉絲團應該同時併用，做不同等級商品販售。

　　在此也提供一個Facebook（臉書）最新的銷售方式：這是一種偏廣告性質的操作方法。將社團設定為可以

主動加人,公開社團使一般人、非會員皆可看內容,並讓人自行申請加入。此外在Facebook(臉書)的平台還有一個操作小撇步,就是盡量加入同類型社團、粉絲團,因為可以間接把別人的會員慢慢轉移加入自己社團。

當自己的社團、粉絲團人數達1~3萬人,就去韓國一趟先小量批貨(主要是去拿目錄),去過幾次之後店家就會願意將目錄主動寄給你,之後便不需要再去了,所採買的商品盡量以B、C級商品為主核心(販售價格約為台幣300~600元),並將商品照片放在Facebook(臉書)上做代購服務,此做法較不會有庫存。

社團人數上限約為5萬人,當人數超過時需移轉至粉絲團,可在社團內貼公告移轉,粉絲團偏實際銷售,認真經營一年約可做到30萬會員。再經營約3年之後,當會員人數足夠時,可將幾乎每次都下單的死忠會

員獨立出來，再創立新的粉絲團（約佔30%）做即時代購服
務，這時的模式是飛到韓國讓會員下單，收單後馬上跟廠商
下定，取貨後立即帶回台。此作法利潤較高（因為這裡下訂
的都是A級品），可以用實體攤位、小店（但通常較不建議小
店，因為成本高）來輔助粉絲團銷售，實體的目的在於消除
顧客對於虛擬通路的不信任感，實體擺出來的幾乎都是A級
品，主要為展示及吸納虛擬通路會員使用，並非主要的獲利
來源。

POINT2
網路架構解析

　　網路交易平台並非只有單純拍賣一種，另有因加入的原
始身份資格及營業額考量，亦有其他網路平台通路的選擇可
以參照。

● 台灣網站
　　現在台灣最常見的網路架構分為「拍賣」、「商店街或
商城」與「百貨型大型購物網站」三種，入門門檻以拍賣最
低、百貨型大型購物網站最高。

	拍賣	商店街或商城	百貨型大型購物網站
加入資格	個人（自然人）居多	以商號及公司（法人）為主要成員	幾乎清一色都是公司（法人），而且希望是以品牌的方式進入，而非批貨跑單幫等業者，條件門檻較高，裡面大部份的商家通常在實體百貨通路亦有設立櫃位，且為長期合作的夥伴。
手續費／租金／抽成	依商品不同收取的交易手續費約為3~6%不等，賣出後由賣家支付。	平台一年約要台幣15000元~38000元的租金費用，另外交易手續費依商品不同約在3~6%左右。	跟實體百貨專櫃類似，抽成平均約32~36%（含廣告贊助）。平均來說，A級品約抽31%，B級品則抽約28%，C級品則約25%。
備註	一個帳號一個月如超過約台幣20萬營業額則容易被稽查（或是同業檢舉），每個個人帳號月營業額最好低於台幣10萬，較不會被認為有大量營業銷售的事實。	該平台多為法人公司，商號亦較少、較不易進入此平台，物流方面有自己的倉庫最好，沒有才放在平台廠商倉庫，現在商城大多只負責平台經營，其他後端服務則推薦協力廠商來運作。	網站有週年慶及廣告時都需配合，並給予廣告贊助金，有可能為定額贊助或是以營業額抽成約1~2%變動機制來做計算，一般以定額贊助較為划算。

商店及網路一起賺飽飽

● 大陸網站

近年來因為政府政策開放以及交通往來便利等影響下，許多大陸網站也是台灣消費者及業者們注意及涉足的區域。下列列舉幾個台灣民眾較常接觸的平台為參考。

首先為「易趣網」，此一平台上架拍賣需收費。台灣民眾較常使用的大陸消費平台為「淘寶網」，此平台的架構結合了商城、拍賣、商店街，並在台灣館販售，大多以空運方式出貨。在這裡銷售應以ODM商品為主，將商品買進改造設計，成為獨特設計性商品，再將後製商品賣出，銷往大陸內地應在大陸租倉庫，以節省空運費用，由於內地對於台灣品牌有一定的信任，是個可以嘗試的市場之一。其他常見的還有：百百網、百度等。有別於中小型店鋪，企業平台的網路平台則以阿里巴巴及經貿台灣網較常見。

個人平台中的淘寶網有較高的市佔率，在這個平台上買東西很容易，但賣東西較難（因為賣方身分需經認證）。淘寶網採實名登錄及實支付（支付寶），也就是第三方支付，由虛擬帳戶來確保雙方交易安全，若要在網站作交易買賣將商品賣出，業者個人要有台胞證+大陸保人（公民）1人+擔保書+大陸銀行開戶等程序及資料。

POINT 3
網路拍賣（商店街）程序

　　網路拍賣看似進入容易，通常都會以為只要申請帳號、拍拍商品、上傳商品照片，等買家來詢問再賣出即可。如果你只是一般人，並沒有打算以此營生，當然可以把網路拍賣看得如此輕而易舉，但如果你的目標是專業賣家，就不適合用如此草率的方式來看待經營。

以下是進入網路商店世界需要注意的一些程序。

Step1
商品目錄及拍攝，放上網路時圖片僅需72dpi（解析度）

Step2
平台背景設計及商品入檔

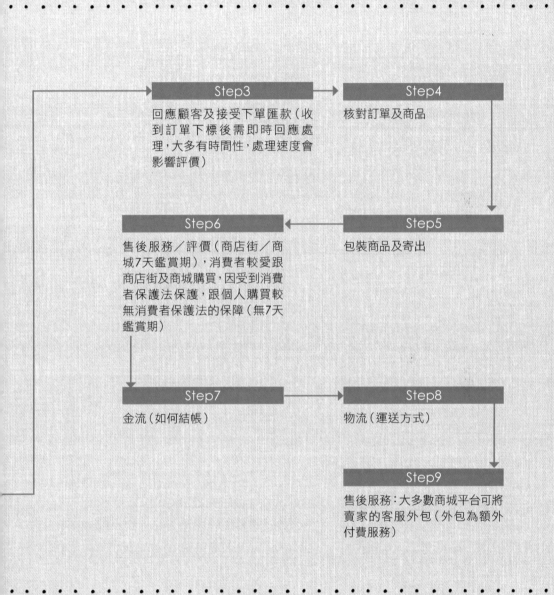

Step3
回應顧客及接受下單匯款（收到訂單下標後需即時回應處理，大多有時間性，處理速度會影響評價）

Step4
核對訂單及商品

Step6
售後服務／評價（商店街／商城7天鑑賞期），消費者較愛跟商店街及商城購買，因受到消費者保護法保護，跟個人購買較無消費者保護法的保障（無7天鑑賞期）

Step5
包裝商品及寄出

Step7
金流（如何結帳）

Step8
物流（運送方式）

Step9
售後服務：大多數商城平台可將賣家的客服外包（外包為額外付費服務）

POINT4
代購獲利計算

　　代購是一種新形態的商品買賣交易模式，打破了先買進後賣出的概念，過去傳統的方式，業者必須先準備一筆資金將商品買進，然後再賣給消費者賺取中間的成本價差，如此一來不僅要先付出資金，萬一商品銷售狀況不理想，又要承擔及煩惱庫存。隨著虛擬網路等平台越來越發達，打破了距離這回事，業者可以身在韓國／日本，將商品隨時上傳至虛擬平台，讓消費者在第一時間看到及下單，如此一來一往，業者一轉手就賺進價差，而且完全沒有庫存的負擔，因為所採買的商品都是消費者指定要的，因此沒有賣不出的風險，整個海外店家及市場彷彿就是自己的陳列店面。

　　其實代購的獲利並非只有代購的手續費，而是憑藉著買家所能議價的空間折數，折數的議價取決關鍵就在於採購的量體，是否大量達到商家所謂的規模經濟，當採購量體一大，自然就會比別人拿到更漂亮的採購

成本價格，相對的利潤空間也會較大，因此累積會員筆數及
建立交易主顧客群為代購模式根本的基石。

● 代購獲利計算方式
如批貨量大、成本可再打折。以襯衫為例。

批貨成本：約台幣240元
假設一件春夏韓國襯衫，批價成本約為台幣300元，因採購量
較大，所以再打8折為台幣240元。

消費者可接受售價：約台幣630元。
假設批貨成本台幣300元的衣服，加上平均折扣數（假如為七
折）約台幣900元/0.7＝牌價台幣1100元（一般市場牌價），
為了與外在店家市場有效競爭，現在只賣台幣900元乘7折，
約為台幣630元。

委託代購的消費者應付：約台幣878元
關稅：一般稅率約在13~15%，用市價計算，即台幣1100元
×0.13~0.15＝台幣143元

運費：約為台幣50元

代購手續費：一般以牌價為基數乘5~10%，約台幣1100元
×5~10%＝台幣55元

ps.由於代購手續費因資訊透明，會遇到同業削價競爭的狀況
（可能有人只收3%）

消費者需付：售價630元+關稅143元+運費50元+代購手續費55元＝約台幣878元

被委託的買家實際獲利：約為台幣445元

買家業者需付成本：量大的打折後成本240元+關稅約143元+運費約50元＝台幣433元

實際獲利金額：最後賣價878元—實際成本433元＝約台幣445元（將近一半的利潤空間）

POINT5
現行市場代購形態（大解密）

目前市場有許多買家在創業或經營副業初期，以代購為主要的營運方式，該方式比一般傳統買賣交易的成本來得低廉許多，也間接避開了許多買賣交易的風險。

一般業者在經營代購初期，會向所謂的上游代購中盤以入會的方式繳交入會費，通常為一次性收費約為新台幣5000元至8000元不等，從此就可廣泛利用該網頁平台所謂的圖包，每個圖包都將款式及屬性分門別類，每周幾乎都提供至少上千款，會員就可依該平台的服飾圖檔，PO文上傳至自己的社群平台，讓自己

的下線（消費者）下單訂購，等到確認購買後，再向上游中盤網路下訂；如此可減少過去至實體中盤批發先買貨進來，再賣出的資金週轉及庫存壓力的風險。但是在這裏提醒大家，一般中盤代購其實都經過精算，雖會提供例如韓國東大門批貨市場店家的收據，但在規範中明定未滿一定的金額，代購處理費用高達30%（含以上），這樣高的成本空間再賣給消費者，在利潤上實屬薄利多銷，相當辛苦。

所以許多代購業者除努力經營社群分享平台外，亦努力增加曝光度及吸收其他社群的社員及顧客，當有一定量體時，通常都會選擇自己去國外（日本或韓國）批貨市場一趟，目的在於溝通商家，以利往後商家將圖片主動寄至自己的平台，如此一來隨著家數的增加，商品的款式及選擇性亦會變得更具競爭力。

最後的階段，當下游消費者及副業者一直累加至平台後，就會開始建立官網成為代購中盤商，許多剛入行的新手及店家就會跟自己買貨，並且在所謂的國外批發市場培養處理及代購的工作同仁，以一個中型的事業體形態在經營。

代購看起來似乎風險小，但隱藏許多法律風險，舉例說，若隨意幫消費者購買含藥及醫療性化妝品，容易違反「化妝品衛生管理條例」的相關規定，若不小心代購到國內有代理權的廠商商品，通常代理廠商會追究關於是否有報關完稅及品牌LOGO圖案的使用，以商標法及著作權法等相關法令，來求償自己的商業損失，因此，許許多多的細節及風險絕對不可輕忽。

. Chapter .

6

簡單開店
照著做

開店是從事服裝批貨產業階段性的理想，代表著自身已經過時間的淬煉，累積了相當
的經驗及客戶，在殘酷汰換率高的服飾市場生存了下來，但是別高興的太早，許多潛
在的風險及困難，又在前方等著大家去克服及解決。

直營店是什麼？

▶▶當一家業者或品牌在經營一段時日後，已擁有相當的客群量體及穩定的年度業績，直營店面即是繼續往品牌發展的初步實體形象呈現的方式之一。然而，直營店面意指公司及業者無論在形象及商品或是人員皆採取自行管理的方式，所以整體的品牌形象及客戶服務會較為穩定，不會產生若委託給別人店面的經銷模式那樣的不受管控，但是一切都要自己操作營運，當然所花費的通路成本也相對較高。

　　許多業者一開始經營就直接以開設直營店為主要方向及核心，等到外在硬體部分一切都定位後，卻發生了先前完全未想到的風險，使得經營之路越加困難。為了事後店面

的順利經營，在開設店面前，建議參考一下所設立的風險要素，一一做完評估，如此風險才能有效降低。

POINT 1
實體店面設立先前評估及運作事項

理論上運作一家實體店鋪首先要思考所在的商圈，並作仔細的商圈分析。在商圈分析中最重要的一環便是去查核一下該目標地是否為合適的商圈。除了用眼睛觀察及深刻體驗外，我們還需要一些公部門及學者的相關研究數據作為佐證，更具安全及可信性。

但是，該商圈數據從哪些單位可以查詢呢？建議可從戶政事務所查核該商圈人口數及年齡層，但消費居住人口多的地區並不代表該區為消費地（民生用品除外），因此還要了解商圈及同業種分布等數據來做交叉比對，另外亦可調閱相關商圈的職業分布及收入資料，來更加確認該商圈人口能夠接受的價格帶為何，願意花多少經費比例在業者所販賣的物種上。

一個商圈的繁榮、店家業績的興衰與該區域的交通網路關係密切。交通規劃建設往往會讓一個商圈產生可預期性的興盛或衰退，最直接的影響較是當地的店面租金行情，許多交通建設的增添或連結，不一定會帶來有力的效果，亦有可

能讓原本封閉可滿足當地店家的商圈，因交通增加便利性，將人口釋出進而產生衰退。一般交通重大建設從開工至完工約經過3~5年的建設期，所以許多店家及品牌經理人會選擇在表象看起來最糟的交通黑暗期前1~2年入場，意圖只要撐過1~2年期間，就會得到建設完工及交通便利的美麗成果，帶來龐大的客群及商機。

在做完店鋪所在的商圈評估後，便需要開始思考自己開店運作所需關注的事項了。店面空間分析是首先最需要注意的議題，每一個商圈絕對皆有自己同類業種所聚集的路段，該路段的整體建築外觀至室內空間結構，大都大同小異，所以建議先觀察參考附近類同店家建築的裝潢模式及風格，進而修改或增添自己的創意元素，設立具有品牌與特色風格的店面。

•確認土地地段規劃

比較重要的是，開店前務必要掌握該路段在該區主管機關都市發展局的相關資料，看現行的土地地段規劃用途為何？再者是否

幾年內會有其他的規劃及變更，對於所設立的店面適法性都有不小的影響及衝擊。

　　到底該如何作地段分區使用查詢呢？許多業者採取實地觀察法，所關心的面向大多是人流量及是否為核心客層所在地，卻往往忽略另一個潛在風險，就是土地使用的問題。很多業者會抱著投機僥倖的心態，心想一定不會有問題的，因為商圈裡有那麼多家同類業種，難道皆要停止營業不成，但很抱歉，一旦不符合土地使用及營業規範，不論該區域有多少商店，面臨停止營業只是時間早晚的問題。假使已經經營一段時間，累積了相當多的當地客群，也花了大錢裝潢店面，結果面臨到適法性問題而停止營業，想必在實際成本及商譽上都是相當大的損失。

　　有鑑於此，在商圈找到合適地段時，建議確立承租及簽立租約之前，先拿地號或是地址至都市發產局查詢，確認用途無慮後，再行簽立店面租約，以免事後發生爭議。推薦使用都市發展局網站作查詢，一般以地號去查詢土地所有權狀才有標示，現在大多可直接用地址查詢。

查詢土地使用用途網站：
http://163.29.36.103/new/tcooc_flash/index.htm
http://www.zonemap.taipei.gov.tw/showmapMain.aspx）

• 電壓問題

　　再來需要關心的有電壓問題。住家電壓為110V／商用電壓為120V，如租店面時房東說是要將110V轉接，即可合理懷疑此空間地段的使用相關問題，若自行轉換甚至偷接，將110的電壓更改為120V電壓來做商務經營使用，可能會有觸法的風險問題。

• 店面租約風險

　　最後還需關注店面租約風險。租約風險又以是否有使用權及承租人資格確認（住戶共管契約）最常發生。在承租店面時，請確認出租人是否有權力將店面再次承租出去，通常業者遇到沒有資格轉租的二房東，租了半天卻被原房東或地主求償損失，而二房東早已不見蹤影，因此簽立租約時，最好找土地所有權人為最佳選擇，如非所有權人，則需出示原土地所有權人的授權證明，一般在出租契約上會標明二房東是否能再出租的字樣，若原租約未寫明，則大多視為不可轉租，在簽立租約時務必看清楚。

　　另外簽立租約最好經過公證，如此一來，萬一房東因自身債務被債權人法拍確認，因為租約有經過公證，就算所有權人轉換也不會影響當初租約的效力及條件，對於承租人等於是一份風險保障。在租約上也清楚載明店的使用用途，及是否在店招及柱面的使用，有所謂的該大樓大廈全體住戶的同意，不然就是須由管理委員會同意使用，不然有可能會發生公寓承租的一樓店面，無法在2樓及店前柱面包柱設立招牌及廣告，因此棟公寓住戶皆為公共使用地區的所有權人，需經過全體住戶的同意方能使用，租約上需載明房東已取得所有住戶的同意及授權使用。

百貨設櫃需注意
事項

>> 百貨的設立通常代表品牌經營另一階段的啟程，很多初入的業者會認為能進百貨通路是一種成功的象徵，當然不能錯失設櫃的機會，但是隨著各種型態的百貨林立及相互競爭的狀態，過去百貨業者只找有實體通路經營及品牌名聲相當有成效的店家業者，來作為唯一設立進櫃的標準，然而現在已被現實的經濟環境市場所打破。

試問成功的品牌大家都搶著要，那麼市場上那麼多家百貨通路各要如何搶到這些品牌，因此，一些較為新穎的百貨就以培養潛在文創品牌或新設計師業種，做為競爭的差異化。進入設櫃的百貨如果不是營業額屬於市場A級或至少B級的行列，通常都較賺不到錢，只能當作一種品牌形象的行銷推廣，若放太多營業期待，可能所回饋的營業成果會讓買家們有所失落。

百貨區分

百貨的區分方式有下列幾種類別，分別為單櫃年度營業額、經營體系集團、收取租金或抽成之方式等，來做為綜合性的判別。

1.年度單櫃營業額

第一種以年度單櫃營業額作為區分標準，此種分類方法亦稱之為系統歸類法。

	年度營業額	站櫃人數
A級櫃	約台幣2000~3000萬元	此級櫃位通常安排約3~5人站櫃
B級櫃	約台幣1000~2000萬元	此級專櫃安排的人數較少，常安排2~3人站櫃
C級櫃	約台幣800萬（含以下）	此類型專櫃通常為單人櫃位，放假時由固定代班或工讀生來補足

2.依經營型態區分

可以分為連鎖系統型百貨、區域單獨地方百貨、飯店複合式經營百貨、書店型複合式百貨、公共建設共構型百貨等方式。除上述兩種分類方式，亦可採收取租金或抽成之方式。然其制度又可細分為：月包底制、未稅價格依折數分段抽成、年包底制。

•月包底制

　　月包底制通常為3個月一簽之季節櫃，例如：一坪目標制訂為台幣30萬／月，抽成為統一抽成約27%，品牌店家業績如只有約台幣20萬，仍要抽取目標台幣約30萬乘27%的抽成，所以很多進駐櫃位目的都在宣傳，因獲利相較困難，許多新銳設計師品牌或文創業者一開始進入百貨，就會面臨此種入不敷出的問題。

•未稅價格依折數分段抽成

　　另一種常見的為：未稅價格依折數分段抽成，一般百貨經常使用此方法。

　　部份A級定位百貨雖在進駐契約與業者店家有不同的折數抽成，不過通常期間並不開放8折以下的抽成，就算業者自行降價至7~6折也以8折來抽成，所以必須注意百貨開放折數抽成的時間，才能有效降低商品銷售成本及掌控商品抽成的折數比例，來維持在百貨心中的品牌形象，做為下一年洽談的條件及籌碼。

抽成的條件會隨著品牌在市場上的定位，或是百貨通路本身的經營條件，或是否急切需要此種品牌或業種，而有不同的變化。另外部份百貨會有懲罰性條款，例如：營業目標約為台幣100萬／月，不過特價品不能超過銷售佔比的10~20%，如超過則所有商品按未打折商品百分比抽成（通常在A級定位的百貨較可能會發生此種條款制約）。

• 年包底制

　　年包底制年營業額目標需台幣3000萬，抽成30%，業績若僅約台幣2990萬，仍未達標準，則差額部分加抽2~3%的抽成，所以通常遇到此類條款就需要將年目標拆解，並在最後結算約倒數3個月期間，審視一下業績看是否合乎進度，若差距甚大，可能就要採取特拍或降價等策略方式，將營業目標補齊。

　　基本上可依據百貨規定選擇在百貨設立實體店舖，並可有自己的裝潢及形象LOGO廣告及門面，但除目標制訂的抽成外，另也附加店面占地坪數租金，所以如非有必要的廣告宣傳或國外代理採購品牌外，應該考慮自身資金及品牌效度是否能持續負擔。

POINT2
百貨進駐模式與歷程

　　如何進駐百貨通路，需要哪些資格及經過審核階段呢？一般百貨業者較喜愛找尋已經擁有實體店面及品牌的店家業者，因為這些店家業者已經營相當一段時間，也各自擁有許多自己的客戶群，百貨業者較不需擔心進來後是否有營業業績達不到等問題發生，但是百貨業者很清楚品牌經營實在大不易，所以會有一連串的不同模式合作及配合來作為品牌市場接受度的測試。

　　首先要進入百貨除了需有法人公司之資格外，業者亦需繳交一份進駐企劃書，在說明品牌歷史及精神外，最重要的是業者有多少家實體及虛擬通路，以後若有機會配合，如何操作行銷策略，能貢獻多少業績，才是百貨業者最想關心及知道的核心問題。

　　針對進駐的時期及方式，分為幾個階段：

階段1—特拍會
第一類型為特拍會，主要賣C級商品，每

次約做12~18天不等，行情是需配合三年才有機會轉為臨時櫃。一般來說臨時櫃的時間約為1~3個月，好的臨時櫃時間在週年慶（可以獲利），不好的臨時櫃時間在淡季（賺不到錢），臨時櫃配合1~2年，才有機會轉為季節櫃。

階段2—季節櫃

季節櫃通常是百貨希望填補春夏業績較淡的時期，業者一般較希望在秋冬時期進櫃，每次時間約3~6個月為一期，從特拍到季節櫃已耗時約4年，而季節櫃配合1~2年，才有機會轉為正櫃。

階段3—正櫃

正櫃又可以區分為：中島櫃、壁面櫃兩種。中島櫃通常為國內品牌，其位置相較於壁面櫃沒有那麼多的陳列空間，但往往百貨業績最好的區域皆為中島區塊；壁面櫃通常位置較好，商品陳列空間也較多，大多為進口或代理品牌才有機會獲得此位置。如果進駐一段時間後對於位置或坪數不盡理想，可以該樓面同業種之業績排名絕對值、坪效及商品操作平均折數來爭取更大更好的位置空間，做為與百貨通路雙贏的績效發揮。

開店倒數向錢衝

簡單開店照著做

➤➤設立店面以約3個多月的時間做為基準倒數，在整個準備期會較為充裕也不會太過於鬆散，以致於最後店面因時間規劃太長，而遲遲未見行動，喪失應有的銷售時間點及商機。許多業者開店時第一步多會將商品先採購進來放置，但往往一放直至開店後，要拿出來賣時已經退流行了，或是因為沒有好好保存而使商品產生瑕疵，導致賣相不好，最後只好重新再採購一批新的商品，來做為開店的實際運作準備。

POINT 1
設立店面的時程規劃

若從約3個多月來倒數，何時想進入市場？想在哪個銷售時點做販售？就請依該銷售時點往前推約3個多月，即是開店的開始準備期。

開店倒數計劃！

約100天
決定商圈及路段店面，並決定想販售什麼商品或服務
▼

約95天
資金及貸款（若向公部門申請貸款，需創業企劃書及相關課程證明）
▼

約85天
裝潢計畫及實施
▼

約65天
取得營業資格及登記
▼

約50~45天
架設商城或官網及虛擬平台通路
▼

約45~30天
品牌及店面相關形象設計及製作
▼

約25天
營業用具及相關設備的採買
▼

約20~14天
將商品批貨或採購代理進來
▼

14~7天
行銷廣告促銷活動規劃
▼

5~0天
商品第一次陳列規劃動線位置，及確認營業賣場各類商品級數有無未補足之處

POINT2
經銷通路寄賣技巧

　　將商品放置於經銷商銷售，由於銷售人員及擺放位置大多不是業者自己能夠決定，很多人一放就不管了，到了季末後果就可想而知，因此，除了一直勤跑店家外別無他法，必須建立與經銷店員的關係，並請他們幫忙推銷產品，但是除了關心及友誼之外，亦可在經銷店家的同意下，採取獎勵店員的方式先寄賣，如月結時達成所設定的目標業績則發獎金給經銷的店員，若經銷店家不同意，則只能在店員生日或節慶時自行表達感謝之意了。一般抽成獎金行情為「成交價」的1~2%，因此經銷店員會盡力幫忙推薦及拉高成交折數，以達到商品放置經銷店家的目的。

7

超級銷售術，
訓練店員賣翻天

銷售人員是與消費者第一次接觸的開始及門面，所有對於品牌及業者的好壞印象，都
取決於這第一眼，因此許多業者花很多心力招募人員及教育訓練，甚至是培訓計畫、
分紅等留才制度，無非就是希望找到合適的人選，無論在業績及品牌形象都有大的加
分效果，避免所請非人，造成賠了夫人又折兵的窘境。

怎麼找到厲害的
店員

>>如何找尋到厲害的銷售人員，其實是有一點點小技巧，許多資深業者喜歡就近在類似的業種品項通路尋找，尤其是實體百貨或是門市店家，以顧客的身份長久觀察及探訪，若遇到有意招募及吸納的銷售人員，就從熟客的身份與銷售人員從生活細節慢慢了解，觀察對方對於生活及工作的態度、數據的精確度、對自身職務的內容熟悉度、未來職涯規劃等，因為基於對主顧客的信任及無關公司內部考核，通常不會有任何防備，所呈現出來的優缺點較為真實；但前提是不能讓銷售人員知道自己真實的職業，不然所得的資訊會較為失真。

找到理想的人選後，經過洽談問過到職意願，因為每家公司的品牌文化及管理風格不盡相同，會有適應上的問題，所以仍需經過一套慎密的招募及考評至最後任用的必要流程，以重重關卡來檢視該員是否真的是自己所要找尋的人，畢竟銷售人員是品牌的第一門面，是創造銷售業績及品牌形象重要的因素之一。

POINT 1
人員招募（SOP）

　　在招募之前，必須清楚知道自己品牌所需的職稱為何？分為幾種類別？升遷的年資及考核標準？另外在招募時必須將工作內容及上班時數及地點明列清楚，薪資如何計算及獎金發放，公司內部的相關規定及休假制度，甚至是公司福利有哪些？在招募前最好都思考清楚，如此日後才不會因為勞動職務內容的不明確，產生彼此認知及期待上的誤差而發生不必要的爭議。

　　在進行人員招募前須確認職務相關資訊及內容。首先職位區分為工讀、固定代班、實習、服務人員、資深服務、副店長、店長；工作相關的法規、福利、排班、薪資、勞健保等問題也都需預先思考周詳。

a.職位

•工讀

第一種身分為：工讀，通常以時薪計算，大
多以在學日夜校學生為主，主要為協助整貨
及店務清潔等功能，對於實際業績的創造及
責任感較無法發揮如正職同仁的功效。

•固定代班

相較於工讀較有責任的則為：固定代班（臨
時契約），在服飾業種，有一群銷售人員具
有高銷售能力及技巧，但不喜歡被某一家品
牌或公司鎖定，以接案為主，一般業者會用
在百貨或店家週年慶開幕慶等高績效業績
時期，高峰時期一結束業績也達到了就會離
開，俗稱傭兵集團。市場上部份業者針對新
進同仁，較不會一開始就以正職人員聘雇，
會先以固定代班的模式，讓人員在通路間遊
走，除了先前的內部教育訓練外，也因為到
處代班，現場的資深店長也會適時回饋該員
是否適合品牌及具有潛在的培養性，經過數
月後再評估考核可否成為正職同仁。

•實習人員

再來為實習人員，實習期為類似試用期觀察的概念，現行相關法令已無試用期的適用，所以一招募進來，整個勞動條件就必須如正職員工，但在法院的見解中，若在合約上有試用期的雙向同意，彼此間有較寬鬆的解雇及離職條件，所以實習期間一般業者大多進行品牌的種種訓練課程及實作，對於業績績效貢獻及回饋尚有一段差距。

•正職

接著為正職，最普遍的正職身分為：服務人員，該職務在招募時大多會找臨近類似競爭品牌及業種的銷售人員來擔任，且大多服務年資在相關業種至少2~3年（含以上），因為這類人員對於該品牌及商品都有了解，只是在管理風格及商品部分的差異性做一下調整及修正即可馬上上手，對於營運績效可以很快的看到消費者反應。

•資深服務

服務人員再進一階則是資深服務，工作能力、工作型態與服務人員情況大致相同，同類種品牌業界年資約5年（含以上），但有時年齡相較會較大，且較不易重新更正職務行政流程及習慣；此外經過如此長一段時間他們卻沒有再往上升遷，也需評估是否不擅於人員領導，或者無法承擔店務營運責任。所以除非緊急任務專案或該店或通路業績告急，從實

習人員開始培養會較為理想。

• **副店長**

副店長一般年資約8~10年,協助店長管理店務相關工作,為輔助店長及代理店長的副手,對於行政事務及數據計算、商品及人員都必須協助管理,通常副店長會以一家店面為管理範圍,有時也會輪調至不同的通路如百貨等專櫃,來學習不同通路的管理差異,是前台管理職的開端,市場業者針對類似職務一般較採取內部推薦升遷,有示範及激勵的效果。

• **店長**

一家店的最高指導人員即是店長,通常年資約10年(含以上),管理整家店,所有與店面營運有關的事務店長都必須處理,另外亦要協助督導回報競爭品牌的活動及狀況,以利給予適當的援助,除了接待及熟悉主顧客外,有時必須與公司內部各部門承辦人員溝通與協調,讓內部人員清楚知道市場的反應及該如何應變,所以店長扮演著品牌營運前線非常重要的角色。

b.工作條件的設立

　　服飾業工作人員的工作範疇，以維持品牌形象，含括以銷售為主的各種相關事物皆在工作範圍內，如果只強調銷售，可能會疏忽像是報表的統計回報、或是商品轉調及進退貨等一般行政事務，在設定工作內容時，最好納入所有與店務營運有關的事；另外也必須設立達成目標，以利檢核績效，畢竟我們對於銷售人員的期許並非只是單純的勞務對價關係，除了苦勞之外還有業績的創造。另外除了店務基本的工作要求外，針對服裝儀容整潔及服務態度的主動積極，都需制定統一的規範標準，以免造成個別服務上的差異。

　　任何一家有規模的店鋪皆需要安排人員排班的機制，較無法一人一班的進行營業。下面整理了一些服飾業常用的排班方式給各位參考。

• 基本工時
勞動部研議頒布之規定：「勞工正常工作時間，每日不得超過8小時，每週不得超過40小時。另雇主徵得勞工同意得延長工作時間，其連同正常工時每日不得超過12小時，每月延長工作時間總時數不得超過46小時，但如遇天災、事變或突發事件有例外規定。另，雇主經工會同意，如事業單位無工會者，經勞資會議同意後，延長工作時間得採3個月總量管控，但1個月不得超過54小時，每3個月不得超過138小時。」

在排班上除了本身店鋪的營業時間與營業效力外，還需配合現行法定工時—1天約為8小時為基準，1週含加班約為40小時，且不得超過上述時間，就算銷售人員私下同意也不行。另外須切記女性員工超過22:00下班需事先與之協商獲得同意，並在回家的車資上給予相對部分補貼。部分門市店家排班很容易一天就超過12小時，而且連續7天的班需給1天假期，此在現行法令上較不被允許及接受。

在國定例假方面，要求銷售人員上班也需按勞動相關法令規定之假期，並非以人事行政局公布的假期為基準，給予加倍津貼，或擇日給予有薪假，現今勞動意識抬頭，創造優質的職場環境是大家共同努力的目標。

• **百貨通路排班**
百貨通路排班較採取俗稱3~5配班或4~6配班的方式。

早班／10:30~17:00，午餐1小時；
晚班／15:00~22:00，晚餐1小時；
全班／10:30~22:00，午、晚餐各1小時。

每4小時需給同仁約30分鐘休息時間。

Ps.百貨通路排班大多為2~3人之櫃位，所以若以2人排班為例，除輪早晚班之外，盡量排休或補休在平日時期，另一人休假則當班人員需全班站櫃，若時數有超過則需以固定代班人員來補多出來的時數差額。

超過8小時加班薪資計算方式：
第9~10小時薪資基數 X 1.34倍
第11~12小時薪資基數X 1.67倍

•門市排班

通常多採用全班制來運作，全班為11:00~21:30，午、晚餐各1小時用餐時間，通常站2天休息1天，是故1個月約有10天（含以上）的假期，但仍需注意當天及每週工時的計算，若有超過仍需以工讀或固定代班來補足，休假與百貨一樣仍以平日為主。

許多業者經常會因為不是很了解現行的勞動法令，以致不小心會觸犯法律，有鑑於此，另統整了一些相關的法令注意事項給買家們作參考。

•保險

基本上5人含以下之事業單位可以不必強制納入保險，仍須為員工加保就業保險及給付提繳退休金，但若超過5人以上即使是工讀人員也算，就必須納保。

•工作地點載明

在面試上也有其相關規定，面試時最好說明以哪個區域或縣市為範疇，不要以單店或指定通路為範圍限制。比方說，若在面試及勞動契約上載明：為台北市大安區大安路直營門市銷售人員，之後若有調動地點或通路轉換的需求，就需經過銷售人員同意才能調動，對於行政及前台管理上較為不易，所以約可列為：例如新北區或北部地區銷售人員，在地區及通路轉換上較不會有爭議，仍需以該員個人及品牌的最適性為考量重點。

•薪資及獎金

薪資部份分為「基本工資」及「平均薪資」的保障。基本工資也稱之為「底薪」，需符合現行法令公佈之最低薪資標準；如以月薪計算，往往為底薪再加上常態獎金即為平均薪資。

所以在洽談時，除基本工資外，需另外協商獎金發放的標準；如為「業績獎金」則不論做多少業績都需給予獎金，如為「目標獎金」則需達到所議定之目標才會獲取該獎金

金額，所以需注意獎金發放的標準及內容，以免產生誤會及爭議。

另外時薪的算法也必須依年度所公佈的最低發放標準為準則，且因為部分工時不像正職人員有領薪假期，所以其換算之時薪單位較正職時薪為高，有付出勞務才有薪資的一種計算方式，通常為臨時工讀及固代人員較為適用。業界若採用時薪的做法，一般業績獎金約為營業額的1%~2%作為抽成獎金，若採取月薪計算的做法，一般業績獎金營業額約為3~5%作為抽成，若要精算節省營運成本，亦可採取淨利抽成的方式，因為已扣除掉毛利，所以業者所發的獎金亦會較為節省及精確。

獎金分為「常態型獎金」及「非常態型」。常態型與工作有對價的關係，較會被視為薪資來做為計算，例如：名目若為銷售及業績獎金，則被視為常態型薪資，會併入勞健保加保扣除額來計算。若以忠誠獎金之名目，則屬於鼓勵性質，在每次發放時金額也會有所不同，被視為非常態性，則不會被列入至平均薪資計算。

另外年終獎金亦非必要性獎金，如內容未議定，則部分業者可能用非金錢物品作為代替，如寫明視營運績效給付，即使公司只賺一元也會被當成績效良好，而且不能依據單點或某

一時段作為是否虧損盈餘的考量，需考量整體企業單位營運狀況，且已有幾年虧損作為考量，若無上列之狀況仍必須給付獎金。

薪資的給付因為為員工生活之所需，不能拖延雙向所協議的付款時間，不過獎金發放方式及時限則較為寬鬆，一般而言可以約定等帳款入帳後才發放，甚至是每季3~6個月或年底一次給付不定額度獎金，如此操作可以避開資金流量的風險，所以較不建議每月固定發放且發放固定金額，將會被視為常態型薪資。

•勞健保費用計算

勞健保費用計算也是業主們需要注意的問題，正職同仁勞健保加保級距除了必須高於最低法定薪資外，其兩項加保級距必須相同，若獎金為常態性發放則應歸列為平均加保薪資級距，不可變相少於平均薪資。

另外勞保部份工時可以現行法令所公佈之部份工時級距作加保，不需以正職第一級距開始，而且並非像健保一樣加保以月為單位；

假設工讀及固代人員只代班2天，則在勞保部份可以到職當天
加保，職務結束當天退保，不需以月保為單位。在健保方面
針對部分工時人員需尊重臨時人員的意願，是否在原單位投
保，而不轉出，但請記住這是臨時人員的權利，而非雇主自
行決定是否轉出投保。

•設銷售目標

聘請銷售人員主要是發揮創造業績的功效，所以較建議先前每月設定目標，並且制定每階段的達成獎金，如此銷售人員才會盡其全力衝刺業績，以達品牌的標準。

「業績目標獎金」與「業績獎金」兩者有定義上的不同。例如可協議每月業績達成目標為台幣100萬，達成獎金為營業額或淨利的3%，若只做新台幣80萬元則獎金以1%計算，業績在新台幣79萬以下則無獎金可以領取。「業績獎金」則不同，無論銷售人員做多少業績，或是因為營業額不足店櫃是否產生虧損，皆要發放。

所以在協議及獎金定義上不可不慎，否則會發生店櫃已經虧損了卻仍要發放給銷售人員業績獎金，對人事成本管控而言會是較為沉重的負擔。

POINT 2 招募管道

　　人員的招募方式有許多種，業者會以招募的職務來選擇招募方式及管道，較為常見的有下列幾種方式。分別為：大型網路人力平台、政府就服處媒介、校園媒介、親友好友介紹與同事同業挖角、就業與兼職社群論壇等。

　　一般最普遍的管道為：大型網路人力平台，利用此管道大多以招募素質較高且年齡層較低，對於電腦的使用較沒有障礙及問題，一般會以實習的職務來做為招募運作的對象，希望進來的人員為校園剛畢業的新血，重點是希望慢慢訓練培養成資深或管理職人員。

　　中高齡的工作者則較常使用政府就服處媒介，在服飾銷售專長需要以媒介來促成，在傳產服飾業種大多較以倉管或司機等職務來利用此平台做為主要招募管道。

　　校園媒介適用於一些技職類型的學校，現今許多業者都積極與各技職院校做產學合作，以業界的實務需求跟學校教授的理論可以相互結合，學生就學期間一邊上課一邊至產業工作，畢業後就可以馬上跟產業接軌，在產業人才培訓上是種不錯的方案及選擇。

在服飾產業的實習運作上較常將學生分派至商品／行政／行銷企劃等相關部門，較少分配至前線銷售端來做實習，但筆者建議可將學生派至營業管理部門，就可接觸到部份銷售面向，一畢業經過一段時期銷售經歷，未來或許有機會往內部營業或店面管理職務來發展。

一般讓在學學生到產業界當免費助理的觀念是錯誤的，仍必須符合現行勞動條件，

並且業者要使用實習生也需報請主管機關，所以不要認為實習生是免費或廉價的人力，這是較為偏差的觀念，如果說只是訓練及上課，則不要在過程中放入勞務對價的工作要項，這樣就會有所爭議，如列出工作事項請學生執行即產生勞務關係，如業者無比照勞工給薪則易有法律上的爭議。

然則服飾業最常用的方式為親友好友介紹與同事同業挖角，因為親友同事介紹多了一份信任感，誰也不希望推薦有問題及會為自己和公司帶來麻煩的人，另外被介紹的人因為背負著人情上的壓力，在態度及積極度上會較正向思考。另外挖角就是一種以業績為導向的招募方式，對於業者而言是相對最快可以獲得回饋利益的方式，但挖角過來的同仁往往自恃甚高，在習慣上也需花較多心力導正，跟現有同事的相處可能產生人際關係及管理上的衝突與不合，需特別注意。業者會以此方式招募銷售服務及資深銷售服務人員。

現行在虛擬論壇平台，亦有許多兼職打工的訊息討論，許多臨時及部份工時求職者會在平台上搜尋有興趣的職務，因為所有職務的資訊條件都會被看見，等於是公開狀態，所以po版的時候務必再三確認招募條件及內容是否合乎法令規定，勞務價格及公司品牌的風評，會是該平台求職者是否有意願的評估要素，該類似平台較適合短期工讀生及臨時固定代班人員職務。

POINT 3
聘任程序

　　俗話說請神容易送神難，要在短短面試的過程中，單憑書面履歷及交談應對的第一印象，就決定是否錄用，對於業者及用人單位而言也是相當大的賭注及風險，所以在整個聘任程序，較建議區分為到職前、到職、評估等三個階段來處理，可降低所用非人的風險值。

第一階段─職前訓練

　　在經過面試後，可以安排一段時間作為觀察及訓練期，亦為職前訓練階段，且雙方協議明定需經過哪些課程及實務訓練，並經過主管客觀性的考核後，方才成為正式職員，一般將此階段稱之為職前訓練期。在這時期勞工身分尚未確定，關於職務之課程訓練大多為1~7日，訓練期結束經過所屬主管及其他部門主管共同客觀考核合格後，才會進入到職任用階段。

　　因為勞動契約是屬於不要式契約，假

如雇主以「口頭」請人到職，被雇者也欣然同意，那麼勞動關係就已經成立，在約定進公司當天發生意外仍然算是職業災害，業者亦需要負擔賠償之責任；所以採進公司後完成簽約（報到）及勞動書面契約雙向確認簽立才能算是員工的做法，那麼勞動關係則視為報到及簽約完成後才算成立。

職前訓練期是以教育為導向而非對價勞務，此時需給予學員的是訓練津貼而非薪資，業者此時期也不能讓受訓人員從事對價的勞務工作，那樣在實質認定上為勞工。另外職前訓練不等於試用期，「試用期」是勞雇關係確立後才會發生，目前在法令及主管機關並無此名詞之運用；法院的見解是勞雇雙方擁有較為寬鬆的相互解除契約的權利，所以必須在勞動契約上載明並獲得雙方同意後實施。

職前訓練可安排的內容應以公司品牌、文化、商品、服務態度、職能內容及技術作為訓練，並於書面及講座式課程後，派至店櫃實習觀察及操作，所以評核可分兩階段實施，評核及格分數標準務必明確，如：總分需至少70分以上，要明訂出來，或是以排名錄取等方式皆需事先協議及告知，以免產生訓練評核後認知標準上的誤差。

第二階段—到職後

經過職前訓練期及評核考核通過後，就需報到及完成簽

約程序，此時勞雇關係就已經成立，即所謂的到職階段。此階段可以安排同仁至現場實習（試用期的開始），試用期的長短需事先協議，但不宜過長，通常業者以30~90天居多，再次強調現行法令並無試用期的相關規定，但在法院的見解上解雇條件較為寬鬆，若在試用期非自願性離職，仍需給與資遣相關費用。

現場實地（店家、賣場）實地操作，建議先經過書面課程訓練後，再至現場實習相關工作（銷售、行政文書作業、整貨、收銀、庫存）等實際運用，另外工時的安排盡量以業績較為冷淡及店主管當班的時段，重點在於熟悉現場操作而非業績，所以實習期間應做為觀察操作階段，不設定任何業績目標及獎金。

實習後期需進行考核評估，所以除通路現場職能上的熟悉外，亦必須綜合現場店主管所給與的評價。由於直營店面與百貨有些許行政風格上的差異，此時期可以不同通路

交叉評估，至於業績的部份在實習後段就可開始制定目標，給與獎金激勵，並請注意資深及店主管的排班時段，因為時段一有落差，就算工時一樣，所創造出的業績亦會有極大的差距，評估及回饋的量表方式可運用（營業額／時數）時效分析。

例如：
A小姐——當班時段約為台幣50萬／月（業績）／120小時（整月工作時數）
B小姐——當班時段約為台幣30萬／月（業績）／120小時（整月工作時數）
不過有時單看此數據並不夠全面，營業績效也會受到其他因素影響，例如是否剛好為大量進貨或銷售時點的影響，並不能以此就判斷B小姐銷售能力較差，需要綜合多重考量及評估。

第三階段—評估階段

這時期應評估該員工是否適任，若不適任需要進行資遣或轉職等處置。經過實習（試用期）之階段後，就是考慮是否繼續任用或者資遣了，若先前未有約定試用期及資遣事項，會較易發生資方無重大理由不得任意解雇的爭議，有時業者會以業務緊縮為由提出資遣，但假如在資遣同時又增加聘雇人員便會引發爭議。比方說大直店請人走，但同時忠孝店卻在徵人便有爭議。員工有權要求轉調任職，若是同一職

務沒有職缺，則會審視公司品牌是否有主客
觀條件相符可勝任的職務，會以該同仁為第
一優先轉調考量，因為解雇畢竟是最後之不
得已實無轉任的方式。

　　到職後之員工銷售人員，需遵守保障營
業資訊秘密相關切結，並請其提供一位人事

保障人，但注意保障人需成年，若有違反以違約金或懲罰性違約金來做為違約條件，但若真有違約金之產生，也不可直接從應給付之薪資直接扣除，需待事實及責任完全釐清可歸責時，再另外請求給付違約金。

員工突然離職是否需交接，在現行法令上員工較有單面解除勞動契約的權利，但業者可在簽屬書面勞動契約之前加註交接責任，若有未交接及侵佔物品、客戶資料或侵害名譽權利等情事發生，造成損害，則業者可依契約求償。

適任（職涯評估），每位同仁需於一段時期，做績效及性向態度的考核，以利往後是將其調轉職務或是再強化基礎職能訓練，或以儲備主管來做為培育，這些都應該在平時就設計出符合可數據量化的考核分析表，約每3個月考評一次，而非等到有職務空缺才臨時觀察判斷，短時期的評估往往過於主觀及草率，更會造成人事成本或職務錯置的浪費。

如何締造和諧共創業績！被騙了怎麼辦？

▶▶良好的勞雇關係及和諧，是品牌發展、創造業績的重要關鍵，家和萬事興亦是這個道理，許多爭議及糾紛的發生，來自於第一線直屬店主管因不熟悉公司相關規定及勞動法令，僅以一時的情緒或者對員工的要求不經思慮就馬上答應，導致事後無法兌現而產生爭議。所以建議業者除非直屬店主管有相當的訓練及熟悉勞動法令等事務，才授權給店主管做決定，不然一般皆以人事部門負責主管來處理，比較能降低勞動爭議風險。

職務內容及勞動條件務必於到職前，書面白紙黑字書寫清楚，並且需要雙向同意簽名後方能成立，另外公司所公告新增的相關規定也必須在不影響勞動條件的狀況下，在公司公開場合張貼出來，而非口頭告知或私下以信件通知，會有未接收到相關訊息的爭議發生。若真的不幸雙向有所誤會發生了相關爭議，那麼就會進入下列勞動爭議的程序及步驟。

POINT 1
勞動爭議程序

以下程序為一般公司處理相關爭議時的作法，雖然希望不要發生勞動爭議，但還是必須將這個作法程序提供各位作參考。一般處理順序為：主管溝通、存證信函、勞動相關部門調解及申訴、法院調解等。

Step1　主管溝通

通常發生爭議的第一時間會由直屬主管洽談，或是由人事部門指定專屬主管處理及回覆。直屬主管不論階級大小，承諾會較具有決定權，沒有被授權的店長對店員承諾在某一時期加薪，若屆時未實現即會引發爭議，除非在勞動契約上有註明專屬負責部門及主管為何，所以主管在答應認諾時須相當謹慎。此階段即為主管溝通階段。

Step2　存證信函

若雙方經主管溝通後皆無法達成共識，形成各說各話的局面　就須進入第二階段的存證信函。雙方應以存證信函將自身訴求及條件明列於交寄的信函之中，存證信函是以郵局為第三方佐證的有效證據，將來在勞動協調或法院爭訟，是一個極為重要的參考證據。

Step3 勞動相關部門調解及申訴

存證信函得不到所預期的效果,或尚有爭端未能有共識解決的事務時,即進入勞動相關部門調解及申訴階段。一般會報請勞動相關部門進行初步調解,讓業者代表和受聘者面對面協商,協商調解並不一定要和解,若條件未有共識則屬調解不成,則視當事人需求是否進入法院調解階段。

Step4 法院調解

若最後沒有任何解決之道,才會進入法院調解的程序。針對勞動權益,法院起訴之前會較希望再開辦一次調解庭,希望藉由法界或業界相關社會賢達來做調解人,讓彼此有緩和的空間,達成共識,當然當事人仍有權利維護相關權益,選擇不予以和解。(請注意若於勞動相關部門及法院的調解條件,已經認諾或已達成共識的部分,則較不能在往後的法院爭訟中提出相關條件的重新變更訴求。)

Step5 起訴

法院雙向調解不成則進入起訴階段，大多以事實審彼此在法庭上答辯，闡明敘述事件的經過，由法官依據彼此的答辯及各類型證據，做為判斷的基準，通常歷程時間約3~6個月，且若無特殊違法之事由或賠償金額過大，大多會在一及二審判定終結。

範例：非法解雇官司舉例 僱傭關係存在

部分業者雇主以為付了資遣費及預告工資就沒事了，可以輕易地開除員工，這是有所偏差的觀念，一個員工有所過失，需先經過勸導、教育、改善、觀察考評等程序，如真的還是不適任，則要幫員工考慮轉換其他職務的可能性，部分業者以為直接開除就沒事了，但若員工同仁積極表現想來公司上班也沒有離職的意願，此時員工雖然在家，但仍可要求業者雇主給付這段時間的薪資報酬及恢復原職，此即為「非法解雇之訴」。

但是如員工此時在外順便兼差，則想在公司上班的説服力會相對減弱，也會扣抵原雇主業者所需支付的薪資價金，部分員工會將停置家中時期拉至約3個月後，累積相當薪資後，才向公司提出告訴。

POINT 2

自願、非自願性離職

為避免有上述不必要的誤會及爭議發生，如員工想離職則需填寫離職申請書，若是主管指導或請員工填寫自願離職，則較會被視為非自願離職，事後員工亦有可能請求不當解雇之訴求。

C.

與店員建立互惠關係！小心合約陷阱！

▶▶在職場上的契約型態大約分為三大類，最常見的當然是一般勞動不要式契約，另外隨著職務門檻或專案管理而有承攬及委任契約兩種，自己到底與員工適合簽立哪種契約型態，內容及風險為何？就依各契約種類所應注意之要件及目的做初步介紹。

•勞動雇傭契約

勞動部規定之勞動契約揭示：

•凡適用勞動基準法之事業單位，其與勞工間依勞動契約成立勞動關係。

•勞動契約，分為定期契約及不定期契約。臨時性、短期性、季節性及特定性工作得為定期契約；有繼定期契約屆滿後，有下列情形之一者，視為不定期契約：

(1)勞工繼續工作而雇主不立即表示反對意思者。

(2)雖經另訂新約，惟其前後勞動契約之工作期間超過90日，前後契約間斷期間未超過30日者。

(3)前項規定於特定性或季節性之定期工作不適用之。

•定期契約屆滿後或不定期契約因故停止履行後，未滿3個月
而訂定新約或繼續履行原約時，勞工前後工作年資，應合併
計算。

雇傭（勞動契約）為大多較常見及採用的契約，是勞動相關
法令所保障的對象，適用於一般需附加管理的員工同仁，在
契約內容主要名列一般薪資獎金給付，工作內容條件及遵守
管理規定等附隨責任及義務，重點在於契約條件上是有上下

從屬的關係存在，如發薪條件，所需打卡管控上下班時間，及服從管理階層領導等皆為上下從屬條件，此種契約則為勞動雇傭契約。

•承攬契約

承攬契約一般較適用於特定專案或中高階經理人，較不受勞動相關法令保障，較屬於民法私立契約，主要為績效目標制，未達目標則可約定不付價金，且可事先檢核該專案成果是否符合標準，並令其限時修正及改善。

與勞動契約的差異為，勞動契約付出多少工時無論目標成敗如何皆需給付薪資，但承攬契約則以是否達成目標為考量，且不能限定何時上下班，只能限期檢核目標，在過程中管理上是較無從著手的，採取信任原則。是故部分外商業者較常用外包承攬方式來達成其所希望的營運績效；舉例年度營運目標業績約台幣3000萬，承攬金額給付約台幣150萬，但若只做到台幣約2600萬則無承攬金可獲得。

•委任契約

「委任契約-專業委任」為關係權利，不保證成效，該契約大多用於產業顧問等級之專業人士，因為委任是一種建立在信任關係上的契約型態，委任他人處理事務，不論處理結果是否符合預期，委任人都需付出所協議的委任費用給被委任人，但若績效不彰則可以雙向溝通解除委任關係。

　　所以針對品牌及職務專案的不同，可以採取不同的契約型態來做簽定，但需注意契約的效力並非以契約名稱來做判斷基準，而是以實質的契約內容條件來判斷。舉例：若名為承攬專案契約，卻規定承攬人需遵守上下班時間並，設定部份底薪，則該契約較會被判讀為勞動契約。所以設立契約時必須充分了解契約之精神及目的，切勿抱著僥倖心態，形成一種混合訴求四不像的契約。

服飾採買決勝創業術
新手、老鳥、網拍、開店都必備，日韓中泰批貨實戰寶典【暢銷增訂版】

作者	黃偉宙	發行人	何飛鵬
美術設計	瑞比特設計	事業群總經理	李淑霞
社長	張淑貞	出版	城邦文化事業股份有限公司 麥浩斯出版
總編輯	許貝羚	地址	115 台北市南港區昆陽街16號7樓
專案編輯暨協助撰稿	陳若甯	電話	02-2500-7578
編輯協力	楊沛睿	傳真	02-2500-1915
		購書專線	0800-020-299

發行	英屬蓋曼群島商家庭傳媒股份有限公司城邦分公司
地址	115 台北市南港區昆陽街16號5樓
電話	02-2500-0888
讀者服務電話	0800-020-299（9:30AM~12:00PM；01:30PM~05:00PM）
讀者服務傳真	02-2517-0999
讀者服務信箱	csc@cite.com.tw
劃撥帳號	19833516
戶名	英屬蓋曼群島商家庭傳媒股份有限公司城邦分公司
香港發行	城邦〈香港〉出版集團有限公司
地址	香港九龍土瓜灣土瓜灣道86號順聯工業大廈6樓A室
電話	852-2508-6231
傳真	852-2578-9337
Email	hkcite@biznetvigator.com
馬新發行	城邦〈馬新〉出版集團Cite(M) Sdn Bhd
地址	41, Jalan Radin Anum, Bandar Baru Sri Petaling,57000 Kuala Lumpur, Malaysia.
電話	603-9056-3833
傳真	603-9057-6622
製版印刷	凱林彩印股份有限公司
總經銷	聯合發行股份有限公司
地址	新北市新店區寶橋路235巷6弄6號2樓
電話	02-2917-8022
傳真	02-2915-6275
版次	二版二刷 2024年7月
定價	新台幣380元／港幣127元

國家圖書館出版品預行編目(CIP)資料

服飾採買決勝創業術：新手、老鳥、網拍、開店都必備，日韓中泰批貨實戰寶典【暢銷增訂版】/

黃偉宙著. -- 二版. -- 臺北市；麥浩斯出版；家庭傳媒城邦分公司發行,2019.01

面： 公分

ISBN 978-986-408-308-4(平裝)

1.服飾業 2.批發 3.商店管理

488.9　　106013267